中国工程院战略研究与咨询项目"科技助力西部地区乡村振兴路径研究"（项目编号 2023–PP–03）资助出版

云南国家公园建设

助力乡村振兴

理论与实践

◎ 唐彩玲　李成云　著

云南科技出版社

·昆明·

图书在版编目（CIP）数据

云南国家公园建设助力乡村振兴理论与实践 / 唐彩玲 , 李成云著 . -- 昆明 : 云南科技出版社 , 2024.2
ISBN 978-7-5587-5474-6

Ⅰ . ①云… Ⅱ . ①唐… ②李… Ⅲ . ①国家公园—建设—研究—云南②农村—社会主义建设—研究—云南 Ⅳ . ① S759.992.74 ② F327.74

中国国家版本馆 CIP 数据核字 (2024) 第 035263 号

云南国家公园建设助力乡村振兴理论与实践

YUNNAN GUOJIA GONGYUAN JIANSHE ZHULI XIANGCUN ZHENXING LILUN YU SHIJIAN

唐彩玲　李成云　著

出 版 人：温　翔
责任编辑：吴　涯
助理编辑：王艺桦
封面设计：赵　勇
责任校对：孙玮贤
责任印制：蒋丽芬

书　　号：ISBN 978-7-5587-5474-6
印　　刷：昆明木行印刷有限公司
开　　本：787mm×1092mm　1/16
印　　张：10.5
字　　数：200 千字
版　　次：2024 年 2 月第 1 版
印　　次：2024 年 2 月第 1 次印刷
定　　价：50.00 元

出版发行：云南科技出版社
地　　址：昆明市环城西路 609 号
电　　话：0871-64190978

梅里雪山
国家公园

香格里拉普达
措国家公园
碧塔海

香格里拉普达措国家公园高山草甸

丽江老君山国家公园民俗活动 ●┄┄┄┄┄┄┄┄┄┄┄┄┄┄┄┄┄┄┄┄

● 高黎贡山国家公园

西双版纳国家公园野象谷景区

西双版纳国家公园中科院热带植物园

普洱国家公园犀牛坪景区

怒江大峡谷国家公园傈僳族青年

怒江大峡谷国家公园

前　言

生态文明建设和乡村振兴是我国的两个重要发展战略和目标。2021 年 10 月 12 日，在《生物多样性公约》第十五次缔约方大会上，我国正式宣布设立 5 个国家公园（三江源、大熊猫、东北虎豹、海南热带雨林、武夷山等），涉及青海、西藏等 10 个省区，这标志着中国国家公园管理体系的正式落成。

国家公园是人类走向文明社会的产物。它较好地处理了自然生态保护与资源合理利用之间的关系，成为国际社会普遍认同的自然生态保护模式，目前已有近 200 个国家建立了近万个国家公园。作为国家和全球遗产，国家公园具有巨大的吸引力，每年吸引大量游客到访。从地域分布来看，全球大多数国家公园都位于乡村地区，乡村的发展一直伴随着国家公园建设的进程而进行。

建立国家公园和实施乡村振兴都是我国在党的二十大报告中明确提出的重点改革任务，是我国从战略层面提出的核心问题和顶层设计，也是"十四五"期间我国要实现的重要目标和任务。作为国家战略，实施乡村振兴和建设国家公园，二者在目标上是统一的：都为了社会和生态的可持续发展，都是国家发展的核心和关键问题。从实施意义上来看，乡村的兴衰直接影响着我国社会主义建设的兴衰成败，是我国实现两个一百年和伟大中国梦的必然要求。建立国家公园是将山水林草视为生命共同体，对维护生态系统的平衡，推进自然资源的保护与合理利用，加快中国生态文明建设具有重大的现实意义和深远的历史意义。

我国国家公园建设方案中提出，要坚持中国特色，也要与国际接轨。从国内实际情况来看，我国诸多国家公园都分布于少数民族地区，民族地区是"资源富集区、水系源头区、生态屏障区、文化特色区、边疆地区、贫困地区"，既有发展的复杂性和艰巨性，也显示了其在国家乡村振兴中不可或缺性。世界范围内的国家公园建设在资源保护与利用及社区发展方面都积累了许多成功经验，值得我国在国家公园建立之初关注并借鉴，以加快国家公园建设，助力民族地区乡村振兴。

云南省早在 1996 年就开始探索国家公园管理模式。2006 年，香格里拉普达措国家公园成立，成为国内第一个国家公园。2007 年，云南省明确提出建立"云南国家公园体系"。经过近 30 年的探索和实践，云南省已批建了 13 个国家公园，是拥有国家公园最多的省份，形成了较为成熟的国家公园建设模式，为我国国家公园体系建设积累了宝贵经验。

云南是我国生态环境最好的省份之一，是中国最重要的生物资源宝库和生态环境保护的重点地区之一。截至 2021 年 9 月，云南省共建立自然保护区 166 处，总面积 54958 平方千米，占全省国土面积的 14.32%，森林覆盖率达到 65.04%。当前云南省自然生态系统保护主要采取建立自然保护区、森林公园、风景名胜区、地质公园、湿地公园等方式开展保护。从生态保护与资源开发的良性互动来看，风景名胜区、森林公园、地质公园等，强调的是游览，对生态的保护相对较弱，而且强调对单一资源的保护，不符合生态系统整体性特征的要求。而大部分的自然保护区正处于从抢救性保护向规范、科学管理的过渡阶段，基于历史原因，在宣传教育和一些保护措施上过于强调生态保护，一定程度上限制了资源的开发利用，制约了经济社会的发展，致使自然保护区所在地保护与开发矛盾日益突出。从云南省实际情况来看，国家公园建设工作的推进，在寻找保护与利用的平衡点之间做出了有益的尝试，是云南省对于保护地体系的一种完善。

云南省生态环境优良，民族文化丰富多彩，但同时也是一个经济欠发达，尤其是山区农民生活还不富裕的省份，加快发展的任务十分繁重。为科学合理地保护和开发利用丰富的资源，尽快把资源优势转化为经济优势，促进地区经济社会发展，真正做到保护有力，发展有序，保护有法，开发有度。云南需要建设国家公园，改变山区农民对资源的低层次粗放利用为高端利用，培育精品名牌旅游产品，打造一批品位高、特色突出、具有重大影响力的国家公园品牌，不断丰富旅游内涵，促进云南旅游业的转型升级，加快推动云南从旅游大省向旅游强省的跨越。通过建设国家公园，吸引更多的游客到云南旅游，促进相关产业发展，带动农民增收、地方产业结构优化和财税收入的增长，为加快经济社会发展提供新的支撑。

唐彩玲

2023 年 6 月 25 日

目　录

第一章　乡村振兴与国家公园的相关理论概述

党的二十大报告提出，加快建设农业强国，扎实推动乡村产业、人才、文化、生态、组织振兴。尊重自然、顺应自然、保护自然是全面建设社会主义现代化国家的内在要求。必须牢固树立和践行绿水青山就是金山银山的理念，站在人与自然和谐共生的高度谋求发展。上述论述进一步凸显了绿色发展理念的战略重要性，也明确了未来经济社会发展的具体方向。

习近平总书记指出："中国实行国家公园体制，目的是保持自然生态系统的原真性和完整性，保护生物多样性，保护生态安全屏障，给子孙后代留下珍贵的自然资产。"坚持走绿色发展道路，是贯彻新发展理念、实现高质量发展的必然要求。国家公园的建立能够更加有效地尊重自然、利用自然，实现农业农村的可持续发展，是助推乡村振兴和生态文明建设的重要创新。

一、乡村振兴战略的内涵及实现路径

（一）乡村振兴战略的背景

乡村振兴战略是习近平总书记于 2017 年 10 月 18 日在党的十九大报告中提出的战略。十九大报告指出，农业农村农民问题是关系国计民生的根本性问题，必须始终把解决好"三农"问题作为全党工作的重中之重，实施乡村振兴战略。习近平总书记在党的二十大报告中再次对推进乡村振兴作出了深刻论述和全面部署，报告明确指出："全面建设社会主义现代化国家，最艰巨最繁重的任务仍然在农村。"再次阐明了总书记曾指出过的"民族要复兴，乡村必振兴"的深刻道理和内在逻辑。中共中央、国务院连续发布中央一号文件，对新发展阶段优先发展农业农村、全面推进乡村振兴作出总体部署，为做好当前和今后一个时期"三农"工作指明了方向。2018 年 3 月 5 日，国务院总理李克强在《政府工作报告》中讲到，大力实施乡村振兴战略。2018 年 5 月 31 日，中共中央政治局召开会议，审议《国家乡村振兴战略规划（2018—2022 年）》。2018 年 9 月，中共中央、国务院印发了《乡村振兴战略规划（2018—2022 年）》，并发出通知，要求各地区各部门结合实际认真贯彻落实。2021 年 2 月 21 日，《中共中央国务院关于全面推进乡村振兴加快农业农村现代化的意见》，即中央一号文件发布，这是 21 世纪以来第 18 个指导"三农"工作的中央一号文件；2021 年 2 月 25 日，国务院直属机构国家乡村振兴局正式挂牌。要做好乡村振兴这篇大文章，2021 年 3 月，中共中央、国务院发布了《关于实现巩固拓展脱贫攻坚成果同乡村振兴有效衔接的意见》，提出重点工作。2021 年 4 月 29 日，十三届全国人大常委会第二十八次会议表决通过《中华人民共和国乡村振兴促进法》。2022 年 11 月 28 日，中共中央办公厅、国务院办公厅印发《乡村振兴责任制实施办法》。

（二）乡村振兴战略的重要意义

乡村是具有自然、社会、经济特征的地域综合体，兼具生产、生活、生态、文化等多重功能，与城镇互促互进、共生共存，共同构成人类活动的主要空间。乡村兴则国家兴，乡村衰则国家衰。我国人民日益增长的美好生活需要和不平衡不充分的发展之间的矛盾在乡村最为突出，我国仍处于并将长期处于社会主义初级阶段的特征很大程度上表现在乡村。全面建成小康社会和全面建设社会主义现代化强国，最艰巨最繁重的任务在农村，最广泛最深厚的基础在农村，最大的潜力和后劲也在农村。实施乡村振兴战略，是解决新时代我国社会主要矛盾、实现"两个一百年"奋斗目标和中华民族伟大复兴中国梦的必然要求，具有重大现实意义和深远历史意义。

——实施乡村振兴战略是建设现代化经济体系的重要基础。农业是国民经济的基础，农村经济是现代化经济体系的重要组成部分。乡村振兴，产业兴旺是重点。实施乡村振兴战略，深化农业供给侧结构性改革，构建现代农业产业体系、生产体系、经营体系，实现农村一二三产业深度融合发展，有利于推动农业从增产导向转向提质导向，增强我国农业创新力和竞争力，为建设现代化经济体系奠定坚实基础。

——实施乡村振兴战略是建设美丽中国的关键举措。农业是生态产品的重要供给者，乡村是生态涵养的主体区，生态是乡村最大的发展优势。乡村振兴，生态宜居是关键。实施乡村振兴战略，统筹山水林田湖草系统治理，加快推行乡村绿色发展方式，加强农村人居环境整治，有利于构建人与自然和谐共生的乡村发展新格局，实现百姓富、生态美的统一。

——实施乡村振兴战略是传承中华优秀传统文化的有效途径。中华文明根植于农耕文化，乡村是中华文明的基本载体。乡村振兴，乡风文明是保障。实施乡村振兴战略，深入挖掘农耕文化蕴含的优秀思想观念、人文精神、道德规范，结合时代要求在保护传承的基础上创造性转化、创新性发展，有利于在新时代焕发出乡风文明的新气象，进一步丰富和传承中华优秀传统文化。

——实施乡村振兴战略是健全现代社会治理格局的固本之策。社会治理的基础在基层，薄弱环节在乡村。乡村振兴，治理有效是基础。实施乡村振兴战略，加强农村基层基础工作，健全乡村治理体系，确保广大农民安居乐业、农村社会安定有序，有利于打造共建共治共享的现代社会治理格局，推进国家治理体系和治理能力现代化。

——实施乡村振兴战略是实现全体人民共同富裕的必然选择。农业强不强、农村美不美、农民富不富，关乎亿万农民的获得感、幸福感、安全感，关乎全面建成小康社会全局。乡村振兴，生活富裕是根本。实施乡村振兴战略，不断拓宽农民增收渠道，全面改善农村生产生活条件，促进社会公平正义，有利于增进农民福祉，让亿万农民走上共同富裕的道路，汇聚起建设社会主义现代化强国的磅礴力量。

（三）乡村振兴战略的实现路径

2018年3月8日，习近平总书记参加第十三届全国人民代表大会第一次会议山东代表团审议时发表重要讲话，就实施乡村振战略提出了"五个振兴"，即"乡村产业振兴、人才振兴、文化振兴、生态振兴、组织振兴"。五个方面构成一个整体，也是实施乡村振兴战略的路径和主攻方向。

产业振兴就是发展农业农村的各项产业，包括做大做强农业产业，满足人民日益增长的对农业农村美好生活的需要和农业农村发展不平衡不充分之间的矛盾，不仅农产品及其延伸的功能性产品要越来越丰富，对质量和安全性也提出了更高的要求，要强化质量兴农，走绿色发展之路；农产品加工业的发展水平较低，与发达国家还有较大的差距，要制定有效政策推进农产品加工业发展，并使农民在发展的过程中获得相应的利益；加快一二三产业融合发展的步伐，推进农业的二产化、三产化，提高农业产业的整体盈利水平；统筹兼顾培育新型农业经营主体和扶持小农户，采取有针对性的措施，促进小农户和现代农业发展有机衔接。

人才振兴就是要开发乡村人力资本，畅通智力、技术、管理下乡通道，造就更多乡土人才；全面建立职业农民制度，完善配套政策体系，大力培育新型职业农民；创新人才培养模式，扶持培养一批农业职业经理人、经纪人、乡村工匠、文化能人、非物质文化遗产传承人等；发挥科技人才支撑作用，建立有效激励机制，并如前所述的，以乡情乡愁为纽带，吸引特支企业家、党政干部、专家学者、医生教师、规划师、建筑师、律师、技能人才等投身乡村建设。

文化振兴就是要加强农村思想道德建设，传承发展提升农村优秀传统文化，加强农村公共文化建设，广泛开展移风易俗行动。

生态振兴就是要建设一个生态宜居的魅力乡村，实现百姓富和生态美的统一。要统筹乡村山水林田湖草沙系统治理；加强农业面源污染等农村突出环境问题的综合治理，开展农业绿色发展行动；正确处理开发与保护的关系，将乡村生态优势转化为发展生态经济的优势，提供更多更好的绿色生态产品和服务，促进生态和经济良性循环。

组织振兴就是要充分发挥农村党支部的核心作用和村委会的战斗堡垒作用，通过发展农民专业合作社等合作经济组织团结农民、服务农民，鼓励兴办农村老人协会、婚丧嫁娶协会等民间组织，引导广大农民移风易俗、爱家爱村爱国，实现经济发展和社会和谐的高度统一。

（四）乡村振兴战略体现了科学的绿色发展观

乡村振兴战略是对习近平总书记提出"绿水青山就是金山银山"关系重要论断的现实部署，充分体现出以人为本，全面、协调、可持续的发展理念，最终实现人与自然和谐相处的目标。

乡村振兴战略要求美丽乡村"看得见青山绿水、记得住乡愁"，能够让城里人"愿意来、留得下、过得好"。2015年，中共中央、国务院颁布出台《关于加快推进生态文明建设的意见》，系统地勾勒出生态文明建设的宏伟蓝图，乡村振兴、生态宜居正是大力推进生态文明建设的表现形式。推进农业绿色发展是实现农业可持续发展的必然选择，是中国特色新型农业现代化道路的内在要求。按照党中央、国务院关于推行农业绿色发展的决策部署，深入推进农业供给侧结构性改革，牢固树立自然资本的理念，实现农业的绿色发展。

（五）乡村振兴带动农业绿色发展

随着生态环境的日趋恶化，解决粗放式农业发展所带来的弊病，实现农业绿色发展受到了政策和学术层面上的广泛关注。党的十八大以来，中国在政策层面出台的一系列报告均对农业绿色发展提出了要求。如2012年，党的十八大报告中指出："坚持节约资源和保护环境的基本国策，坚持节约优先、保护优先、自然恢复为主的方针，着力推进绿色发展、循环发展、低碳发展，形成节约资源和保护环境的空间格局、产业结构、生产方式、生活方式。"这是中国在政策层面上首次提出"绿色发展"这一重大内涵。中国共产党十八届五中全会通过《中共中央关于制定国民经济和社会发展第十三个五年规划的建议》，史无前例地将"绿色"与"创新、协调、开放、共享"一起定位为新时期的发展理念，绿色发展正式成为新时期发展理念。农业作为国民经济的基础产业，响应绿色发展理念，实现农业绿色发展，亟须在政策层面得到肯定与共识。2016年中央一号文件提出，推动农业可持续发展，必须确立发展绿色农业就是保护生态的观念，加快形成资源利用高效、生态系统稳定、产地环境良好、产品质量安全的农业发展新格局。2017年中央一号文件进一步指出，要推行绿色生产方式，增强农业可持续发展能力。2018年中央一号文件明确要求，要牢固树立和践行"绿水青山就是金山银山"理念，落实节约优先、保护优先、自然恢复为主的方针，以绿色发展引领乡村振兴。

党的十八大以来，中国绿色发展也取得了显著成效，生态环境保护稳步推进。一是生态文明建设已上升到国家战略，习近平总书记曾强调："像保护眼睛一样保护生态环境，像对待生命一样对待生态环境。"二是生态环境得到逐步改善，大江大河干流水质明显改善。全国森林覆盖率达24.02%，森林蓄积量达194.93亿立方米，连续30多年保持森林面积、蓄积"双增长"。三是生态保护建设成效突出。天然林资源保护、退耕还林还草、防护林体系建设、河湖与湿地保护修复、防沙治沙、水土保持、野生动植物保护及自然保护区建设等一批重大生态保护与修复工程稳步实施。重点国有林区天然林全部停止商业性采伐。全国受保护的湿地面积增加52594平方千米，自然湿地保护率提高至46.8%。

（六）树立自然资本理念实现绿色发展

当前中国农业生产中仍存在诸多现实问题，亟须通过绿色发展转变生产模式。一是当前中国农业生产过程中，化肥、农药和农膜投入量呈现出快速上升的趋势。改革开放以来，化肥过量施用、盲目施用等问题日益突出，带来了农业生产成本的增加和环境的污染。亟须改进施肥方式，提高肥料利用率，减少不合理投入，保障粮食等主要农产品有效供给，促进农业可持续发展。二是农业面源污染日益加重。农业面源污染主要来自农业生产中广泛使用的化肥、农药、农膜等工业产品及农作物秸秆、畜禽尿粪、农村生活污水和生活垃圾等农业或农村废弃物。工业产品投入量快速上升，水体污染以及秸秆焚烧问题仍十分严重。耕地质量退化、华北地下水超采、南方地表水富营养化等问题突出，对农业生产的"硬约束"加剧。

农业绿色发展，需要树立自然资本的理念。所谓自然资本，既包括人类所利用的资源，如水资源、矿物、木材等，还包括森林、草原、沼泽等生态系统及生物多样性。自然资本的思想涵盖可持续发展和生态学，其目标是系统地实现人口、资源、环境与经济发展相统一。有关自然资本与农业绿色发展，首先需要认清以下两个关系。

一是自然资本是有价值的，是可以增值的。资本本身具有价值增值的属性，自然资本也不例外。充分发挥自然资本的价值，转变以往一味索取、掠夺的利用模式，将自然环境作为农业绿色发展"摇钱树"。实现了绿水青山，便可以源源不断地带来"金山银山"。因此，在农业发展中需要树立自然资本的价值增值观念。

二是自然资本不具有较高的可替代性。自然资本由生态系统的功能和生态系统的服务两个部分组成。在农业发展过程中，自然资本的损失意味着生态系统的部分功能丧失或是生态系统的部分服务功能丧失，难以用其他资本替代。因此，在农业发展中需要树立保护自然资本的观念。

乡村振兴的实现，离不开农业绿色发展；农业绿色发展的实现，离不开自然资本的支撑。充分发挥自然资本的功能和服务特性，牢固树立自然资本理念，依托农业绿色发展助推乡村振兴战略。

二、国家公园助力乡村振兴建设

（一）国家公园助推乡村振兴协同发展的理论基础

1.建设地域、建设目标、建设内容具有一致性

从建设地域来看，国家公园主要位于欠发达地区、少数民族地区和乡村地区，亦是乡村振兴的重点区域。从建设目标来看，国家公园建设要达到遗产保护、科研教育、居民休闲、文化旅游及经济发展的多重目标；乡村振兴要实现"产业兴旺、生态宜居、乡风文明、治理有效、生活富裕"的总体目标。从建设内容来看，国家公园建设过程中重点实施保护传承、研究发掘、环境配套、文旅融合、数字再现等五项工程，乡村振兴主要包括产业振兴、人才振兴、文化振兴、生态振兴、组织振兴等五个方面的振兴。由此可见，国家公园建设和乡村振兴两大战略在建设地域上重合，在建设目标上一致，在建设内容上统一。

2.国家公园建设为乡村振兴战略提供重要途径

一方面，通过国家公园的建设，在保护自然和文化遗产的基础上，积极发展旅游产业、休闲农业、文创产业、康养产业等特色产业，延长乡村产业链条，改善乡村基础设施，促进当地经济发展和农民增收致富，为乡村振兴提供一条有效途径，打造乡村振兴的新样板、新模式。另一方面，乡村振兴是国家公园建设的重要保障。伴随着乡村振兴战略的实施，带动国家公园沿线经济社会的全面发展，有助于高质量推进国家公园建设，推动乡村经济繁荣，坚定文化自信。因此，两者之间是相互促进、协同发展、共臻繁荣的关系，具有良好的协同效应。

（二）国家公园助推乡村振兴协同发展的实施路径

国家公园建设和乡村振兴两大战略有高度的耦合性。国家公园沿线乡村地区应从产业发展、文化传承、人才培养、生态保护、配套保障等方面，积极推动国家公园建设与乡村振兴协同发展。在高质量推进国家公园建设的同时，推动沿线乡村地区的全面振兴，增进人民生活福祉。

1. 壮大乡村产业体系，赋能乡村产业振兴

沿线乡村地区抓住国家公园建设的机遇，结合资源禀赋和地域实际，在自然与文化遗产保护的基础上，大力发展生态农业、休闲农业、文旅产业、康养产业，促进农村一二三产业融合发展，健全乡村产业链条，鼓励发展分享农场、共享农庄、创意农业、乡土文创、精品民宿、研学旅行、数字经济等新兴业态，不断为乡村振兴发展赋能。以文旅产业为例，以国家公园建设为契机，以文化为灵魂，整合文旅资源和产业资源，深入挖掘地域文化，积极发展山岳观光、文化体验、休闲度假、乡村旅游、红色旅游、民俗旅游、科普教育、研学旅行、康体养生等旅游产业，打造有影响力的旅游带，推动沿线乡村地区产业结构转型升级，带动沿线群众增收致富，实现遗产保护、科研教育、文化传承与乡村振兴协同发展的目标。

2. 保护传承文化遗产，赋能乡村文化振兴

深化对文化内涵的研究，结合时代精神赋予的时代含义和文化价值。加强文化艺术创作，以文学、影视、动漫、网络节目等艺术形式，打造一批展现时代价值和特色的艺术精品，推出一批丰富多彩的文艺活动，讲好国家公园故事。依托国家公园各类展示空间和文化艺术活动，发挥传统媒体和新兴媒体、主流媒体和商业平台的作用，不断提高国家公园文化遗产的影响力，让更多的群众了解认识文化，增强其对于地域文化的认同感，坚定文化自信，推动乡村文化的复兴与发展。

3. 保育生态环境，赋能乡村生态振兴

"绿水青山就是金山银山。"国家公园在建设过程中，不仅要保护文化遗产本身，而且要对与遗产紧密相关的自然环境、景观格局、遗产衍生出的社会人文环境加以整体保护。为此，国家公园沿线乡村地区应贯彻可持续发展思想，结合国土空间规划，严守生态保护红线，加强沿线生态环境保护。国家公园沿线各种文旅项目的开发建设，应把生态保护放在首位，切实做好环评工作，协调好旅游开发与环境保护的关系。加快国家公园沿线基础设施建设，优化改善国家公园沿线道路、游客集散、餐饮住宿、休闲娱乐、特色购物、旅游厕所、标识系统等公共设施。整治国家公园沿线生态环境，依托区域内国道、省道和其他公路，建设集自然生态与人文景观于一体的风景廊道。

4.加强人才引进和培养，赋能乡村人才振兴

人才是国家公园建设和乡村振兴的关键要素。村民素质的提高、乡村经济的发展会对长城文化的保护传承起到积极的推动作用。为此，应加大对长城沿线农民的教育培训力度，构建适应产业发展、乡村建设急需的高素质农民队伍，使之成为国家公园和乡村振兴的建设者。另外，制定出台激励政策吸引各类人才返乡入乡创业，鼓励高校毕业生、退伍军人、外出务工经商人员、新乡贤等返乡创业，积极发展特色农业、农村电商、乡村旅游、精品民宿、乡村文创等新兴产业。

5.建立健全体制机制，赋能乡村组织振兴

发挥国家公园建设领导小组、农村工作领导小组的组织协调作用，推动文化旅游、农业农村、建设、交通、环保、财政、金融等多部门联动，形成政府、企业、社会组织和村民共同参与的长效发展机制。同时，加大财政、金融、人才等政策扶持力度。各级财政和乡村振兴基金应大力支持国家公园自然与文化遗产保护传承、生态环境保护、基础设施建设、现代农业发展、文旅产业发展等领域的重大任务和重点项目。

（三）国家公园助力乡村振兴建设的现实举措

1.国家公园建设是落实乡村振兴建设的有效举措

改革开放以来，中国日益重视生态环境保护，自然生态系统和自然遗产保护进展迅速，成效显著。近年来，面对气候变化、生物多样性丧失和环境污染的挑战，中国把乡村振兴建设摆在全国工作的突出位置，作出了一系列重大战略部署。建立国家公园体制，是新时代乡村振兴建设的重要举措之一。

国家公园是世界各地广泛采用的一种有效的管理体制和发展模式，它让公众在较小的面积内欣赏自然环境和历史文化，同时使大面积的区域得到保护。2013年11月，党的十八届三中全会首次提出建立国家公园体制。此后，随着《乡村振兴体制改革总体方案》《建立国家公园体制总体方案》《关于建立以国家公园为主体的自然保护地体系的指导意见》等相关方案意见的陆续出台，国家公园体系建设工作不断推进。

国家公园作为资源荟萃的高价值自然生态空间，拥有国家所有、全民共享、世代传承的重点生态资源，是优先保护的区域，国家形象的代表名片，也是乡村振兴建设的重点之一。国家公园的优先保护和重点建设，可以带动其他自然保护地的保护建设，达到以点带面、全面保护发展的目标。2016年1月2日，习近平总书记特别强调："要着力建设国家公园，保护自然生态系统的原真性和完整性，给子孙后代留下一些自然遗产。要整合设立国家公园，更好保护珍稀濒危动物。"进一步明确了国家公园要加强自然生态系统、珍稀濒危物种保护的根本要求。现在，国家公园建设方向已明，需要扎扎实实行动，构建具

有中国特色又与国际接轨的国家公园体系，促进乡村振兴建设和美丽中国建设。

2.国家公园实践乡村振兴的可持续发展理念

国家公园是在保护的基础上提供永续利用的价值，不仅为当代，更是为后代。在生态文明建设的大背景下，中国提出建设国家公园体系，旨在完善自然保护体系，强化国家公园保护自然和生态的功能。同时，还具有精神享受、科研、教育、娱乐、参观等辅助功能，以满足可持续发展的需要。当前，中国建设国家公园体系有以下三大优势：一是中央政府强力快速推进。近年来，中央政府全面加强生态系统的整体保护、系统修复、综合治理，积极、快速推进国家公园建设。二是生物多样性和文化多样性富集。中国国土面积辽阔，物种、群落、生态和景观多样性显著，这为建设大面积的国家公园提供了先天条件。三是庞大的人力资源。中国人口众多，现有乡村护林员170多万人，这使中国能够聚人力之力推动并保障国家公园的有效治理。

3.国家公园的建立，对于保护生物多样性、改善生态环境质量和维护国家生态安全，具有极其重要的意义

多年来，在不断的探索中，中国总结出了一些独特的经验。一是坚持严格保护。中国牢固树立尊重自然、顺应自然、保护自然的乡村振兴理念，不断强化国家公园体系的监测、评估、考核、执法、监督工作。二是坚持全民公益。"绿水青山就是金山银山"，中国不断探索自然保护和资源利用新模式，不断满足人民群众对优美生态环境、优质生态服务的需要。三是坚持中国特色。中国立足国情，不断推动国家公园的创新，坚持走具有中国体制特色、时代特色和文化特色的国家公园体系治理之路。

三、国家公园建设是云南乡村振兴的创新发展方式

云南位于我国西南地区，在国家"两屏三带①"十大生态安全屏障中，云南肩负着"西部高原""长江流域""珠江流域"三大生态安全屏障的建设任务，位于许多国际国内河流的上游或源头，生态区位极为重要。云南是我国生态环境最好、生物多样性最丰富的地区之一，但生态十分脆弱，经济社会发展相对落后。云南省委、省政府围绕发展需要，按照"科学规划、保护为主、合理利用"的原则，开拓创新，率先提出构建科学创新国家公园体系的战略构想，探索国家公园生态资源保护模式。在借鉴国际先进资源管理模式的基

---

① 两屏三带是我国构筑的生态安全战略，指"青藏高原生态屏障""黄土高原—川滇生态屏障"和"东北森林带""北方防沙带""南方丘陵山地带"，从而形成一个整体绿色发展生态轮廓。

础上，加强国家公园制度的建立是自然生态系统保护的重要举措，是乡村振兴制度建设的创新和亮点，有利于丰富我国自然保护地管理模式，实现自然、文化及其景观资源保护、经济社会发展和经济欠发达地区居民增收致富。

（一）国家公园建设是构建生物多样性保护体系的重要保障

云南省将生态系统完整保护的思维贯穿于国家公园划定、建设、保护、利用等管理全过程，在遵循自然规律的前提下，对各类生态资源进行统一规划、整体保护、系统修复。划定国家公园范围时，不仅着眼于核心资源的保护，更强调核心资源所依存的自然环境和生态系统的整体保护，在已有保护地的基础上，统筹考虑自然生态各要素，将更大范围的森林、湿地、草甸、野生动植物栖息地、民族村落等纳入保护区域，体现了区内生态系统结构和功能，以及历史文化与社区的完整性，突出了国家公园强调典型生态系统完整保护的重要特征。同时，为推动整体保护，系统修复，国家公园的划定还充分考虑了"范围集中连片""权属清晰""以国有自然资源为主"等特征，使国家公园成为具有相对独立性和连续性的地域单元。进行国家公园功能分区时，在将自然生态系统保存最完整或核心资源分布最集中、自然环境最脆弱的区域划为严格保护区实施严格保护的同时，还将维持较大面积的原生生态系统或者已遭到不同程度破坏而需要自然恢复的区域划为生态保育区，作为严格保护区的重要屏障，实施必要的自然恢复和人工干预保护措施，加快生态系统退化区域的修复。

在保护第一，永续利用的核心理念指导下，云南的国家公园探索突出了"保护自然生态系统原真性和完整性，给子孙后代留下珍贵自然遗产"的目的，实现了"资源有效保护和合理利用"的管理目标。一方面强调了自然生态系统的严格保护、整体保护、系统保护。已批建12处国家公园在已有自然保护区的基础上将保护面积扩大了6110平方千米，各国家公园按照主体功能和保护目标合理划定功能分区，自然保护区的核心区与缓冲区基本上全部划入国家公园严格保护区，不仅确保了原有核心保护区域不减少，更显著提升了保护强度和保护等级。根据监测，各国家公园未发生过森林火灾，生态系统保持完整和稳定，水质、空气质量保持一级，先期建设的8处国家公园森林生态服务功能价值高达797.3亿元/年。与建设前相比，国家公园的生态状况有了明显改善，滇金丝猴、亚洲象等珍稀物种栖息地的联通性、协调性、完整性得到显著提升，种群得以稳定繁衍。另一方面强调了有限开发是为了更好地保护，以实现永续利用。无论是在自然保护区基础上建立的普洱国家公园，从成熟旅游区转化的丽江老君山国家公园，还是兼具以上两个特征的西双版纳国家公园，均通过在加强生态保护的前提下，适度开展非消耗性资源利用，再以资源利用反哺生态保护和社区发展，实现了永续利用。普达措国家公园更是以不到3%面积的开发利用换取了硬叶常绿阔叶林生态系统、独有物种中甸叶须鱼、第四纪冰川地貌遗迹、高原湖泊等重要核心资源的科学保护，成为小面积开发利用换取大面积有效保护的典范。

（二）国家公园建设是实现生态保护与经济社会协调发展的有效模式

作为我国生物多样性最丰富的地区和边疆少数民族聚集区，云南的国家公园建设既保护好了生态，也保障好了民生，实现了生态系统功能和公共服务功能的双赢。2008 年至今，云南省先期建设开放的 8 处国家公园接待了来自国内外的 3500 余万访客，为普通公众提供了亲近自然、回归自然、学习自然的绝佳场所。显著的保护成效不仅增加了国民福利，更促进了国家公园所在地社会经济文化的长远、可持续发展。先期建设的 8 处国家公园每年用于社区补偿和社区项目扶持的直接资金投入达 4000 多万元，为当地群众提供了1200 余个工作岗位，社区居民从事国家公园管护和经营活动获得的收入每年达 5200 多万元。国家公园的发展不仅促进了社区居民的脱贫增收，也显著改善了周边社区的交通、教育等基础设施，更对社区居民的思想观念产生了深远的影响。以普达措国家公园为例，为妥善处理国家公园建设与社区发展的关系，充分保障并发展原住居民利益，迪庆藏族自治州（下文简称迪庆州）政府出台了《普达措国家公园旅游反哺社区发展实施方案》，建立了社区生态补偿机制，每年由经营公司从旅游收入中拿出 2000 万元资金，专项用于社区的直接经济补偿，截至 2020 年 9 月，已累计投入反哺资金超过 3 亿元。除直接经济补偿外，普达措国家公园还实施了安置就业（解决就业岗位 200 多个，社区员工占企业员工总数的 32%）、资助大学生、修建基础设施等多种形式的间接补偿。部分社区家庭通过直接补偿和参加就业、开展藏民家访等活动，每年收入达 10 余万元，已提前步入小康。通过国家公园带动，社区收入稳步增长，生活水平显著提高，民生问题得以改善的社区居民切身感受到了国家公园建设带来的实惠，保护意识明显提高，主动参与公园森林防火、巡护监测等工作，显著减轻了对生态资源的依赖和压力。

（三）国家公园建设是建设环境友好型社会的必然要求

国家公园保存完好的生态系统，珍贵的森林、湿地、野生动植物等资源为科研监测与自然教育活动的开展提供了重要载体。各国家公园开展了高山湖泊、滇金丝猴、亚洲象、湿地鸟类、民族文化等方面的调查研究和生物多样性、游客影响等方面的监测研究，布局了科普教育设施，对冰川、森林、湿地、生物多样性等知识进行宣传推广。如，西双版纳国家公园建设了亚洲象博物馆、原始森林公园科普馆和望天树景区热带雨林科普馆；高黎贡山国家公园开设了自然学校。到云南国家公园参观的游客不仅被大自然的美景所感染，也接受了生动的生态教育。云南的国家公园建设不仅使当地群众相信了"绿水青山"就是"金山银山",更使广大访客感受到了自然之美、生态之美、和谐之美,为率先建设乡村振兴创造了良好氛围。同时,云南所有的国家公园都建在生物多样性丰富和脆弱的地区,通过科学的管理模式和健全的保护方法,避免了资源的无序开发和过度消耗,维护了国家生态安全,发挥了国家生物多样性宝库和西南生态安全屏障的重要作用。得到了世界自然保护联盟、美国自然保护协会、全球公园协会等国际组织的充分肯定,树立和进一步提升了云南乃至全国良好的生态保护形象。

第二章　世界国家公园的管理与运营

一、IUCN 遗产管理体系和国家公园概述

（一）IUCN 国家公园与保护区管理类别体系概述

1. IUCN 国家公园与保护区管理类别体系的应用现状

目前，世界自然保护联盟[①]（IUCN）的国家公园与保护区管理类别体系（下文简称 IUCN 类别体系）是由其下属的专家组织世界保护地委员会（WCPA）建立的一套有关保护地类别的术语和标准，是国际应用最为广泛的遗产管理体系，目前全球已有 100 多个国家应用或根据该体系修正了本国的遗产地类别体系。

根据联合国 2003 年公布的保护地统计数据，全球已有 67% 的保护地列入了 IUCN 管理类别体系中，约占全球保护地总面积的 81%。

2. IUCN 国家公园与保护区管理类别体系的六大管理类别

IUCN 类别体系中总共包含六大管理类别，其管理目标、入选标准、组织管理等内容有着相应的区别。图 2-1 说明了 IUCN 管理类别体系与人类干预程度的关系，总体来说，类别Ⅰ、Ⅱ、Ⅲ和Ⅵ适用于原生或基本原生的保护地，类别Ⅳ和Ⅴ则适用于可以被改变的保护地。

---

① 世界自然保护联盟（IUCN）成立于 1948 年，原名国际自然与自然资源保护联盟，总部设在瑞士日内瓦。是由各国政府、非官方机构、科学工作者及自然保护专家联合组成的半官方组织，在自然保护领域里是一个公认的权威性的国际组织。它的宗旨是在世界范围内促进对生物圈的保护和持续利用。受世界遗产委员会的委托，IUCN 对提名列入《名录》自然遗产地进行考察并提交评价报告。该组织成员包括分布在 120 个国家的官方机构、民间团体、科研和保护机构，由 100 多个国家的 450 个政府和非政府会员的机构。根据国务院的批示，中国以中国环境科学学会的名义，申请加入了"国际自然与自然资源保护联盟"。

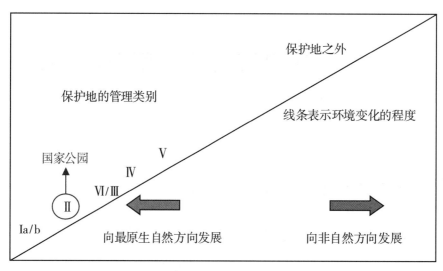

图 2-1 保护地类别及与之对应的环境改变程度示意图

IUCN 保护地管理类别体系中各个保护地类别的管理目、入选标准及组织责任如下表所示：

表 2-1 IUCN 国家公园与保护区管理类别体系

编号		类型	主要管理目标	入选标准所有权	组织责任	
					所有权	管理权
I 类	I a	严格的自然保护区	保护物种、基因多样性和科学研究	保护生态系统完整性、保护地面积大小符合保护对象要求、没有明显人类影响的痕迹	中央政府、地方政府	中央政府、地方政府、地方委员会、大学或科研机构、非营利机构、私人基金、其他
	I b	原野保护地		保护地面积大小符合保护对象要求、没有明显人类影响的痕迹、包含重要价值特征、能够提供愉悦机会	中央政府、地方政府	中央政府、地方政府、地方委员会、大学或科研机构、非营利机构、私人基金、其他
II 类		国家公园	保护物种和基因多样性、科研、教育与游憩	保护地面积大小符合保护对象要求、能够提供愉悦机会、包含高质量景观		中央政府、地方委员会

续表 2-1

编号	类型	主要管理目标	入选标准所有权	组织责任	
				所有权	管理权
Ⅲ类	自然纪念保护地	保护物种和基因多样性、保护自然与文化特征、旅游与游憩	保护地面积大小符合保护对象要求、人为积极干预、保护单一或多个重要性自然特征	中央政府	
Ⅳ类	栖息地/植物种类管理区	保护物种和基因多样性、维护环境作用	保护地面积大小符合保护对象要求、人为积极干预、保护重要物种及其栖息地	中央政府	
Ⅴ类	陆地景观和海洋景观保护区	保护自然与文化特征、旅游与游憩、维护文化/传统因素	能够提供愉悦机会、包含高质量景观、展示传统生活方式和经济活动	公私混合团体	
Ⅵ类	受到管理的资源保护区	保护物种和基因多样性、维护环境作用、可持续自然生态系统利用	可持续资源利用	中央政府、地方政府、地方委员会、非营利机构、私人基金、其他	

3. IUCN 国家公园与保护区管理类别体系的意义

■ IUCN 国家公园与保护区管理类别体系给不同国家提供了一套"共同的保护语言";明确了保护地的共性、特性、差异性和各类型的定义、管理目的、选择标准、组织责任问题。

■ 明确了不同类型保护地无优劣之分,都具有同等重要地位,应针对特定背景及目的选择合适的管理类别。

■ 明确了保护地是社会经济发展的产物,并构成密切相关的系统分类管理体系。

■ 明确了保护地是经济建设和社会发展的重要组成部分,是实施可持续发展战略管理资源的基本单位。

■ IUCN 管理类别体系强调不同类型的保护地都具有同等的重要性,没有哪一种类型的保护地比其他类型的保护地更优越,它为国际不同类型的保护性用地提供了对比和评估的基础。

（二）IUCN国家公园与保护区管理体系中的国家公园

1.国家公园的定义

在 IUCN 国家公园与保护区管理体系中，国家公园（National Park）被划分为仅次于严格保护区（Ⅰ类）的第Ⅱ类管理类别，并明确国家公园是指天然的陆地与/或者海洋，用于：

■ 为当代人和后代提供一个或多个完整的生态系统[①]。

■ 排除任何形式的有损于保护地管理目的的开发或占用[②]。

■ 提供精神、科学、教育、娱乐及参观的基地，所有上述活动必须实现环境和文化上的协调[③]。

国家公园与其他管理类别的区别如下表所示：

表 2-2　Ⅰ类（国家公园）和其他类型保护地的区别

Ⅰa类保护区	Ⅱ类保护区一般没有Ⅰa类保护区那么严格，有一定的旅游基础设施和活动。但相似点在于，Ⅱ类型地区通常有核心区，游客人数也受到严格控制
Ⅰb类保护区	Ⅱ类保护区内有更多的基础设施（道路、旅馆等），因此有更多的游客。但相似点在于，Ⅱ类型地区通常有核心区，游客人数也受到严格控制
Ⅲ类保护区	Ⅲ类保护区的管理重点围绕一个特定的自然特征，而Ⅱ类保护区重点是整个生态系统
Ⅳ类保护区	Ⅱ类保护区的目标是维持生态系统的完整性，而Ⅳ类保护区旨在保护栖息地和个别物种。在实践中，Ⅳ类保护区很少大到保护整个生态系统，因此Ⅱ类保护区与Ⅳ类保护区的区别在于程度上不同：Ⅳ类保护区面积较小，而Ⅱ类保护区面积较大
Ⅴ类型地区	本质上Ⅱ类保护区是自然系统或正在恢复中自然系统，而Ⅴ类保护区是文化景观
Ⅵ类型地区	Ⅱ类保护区一般不允许使用资源，除了出于生计目的或少量的娱乐目的

---

① 生态系统完整性的概念首先是指生态系统的自然特征完好无损；其次，生态系统维系的过程得到保留；满足这些标准的生态系统可以称之为活力生态系统；需要一定的时间过程才能达到这些标准的生态系统则称之为可持续生态系统。

② 为了排除所有与国家公园管理目的相违背或背道而驰的利用与侵占，必须首先以管理规划的形式或在其他类似的文件中确定国家公园的管理目的，任何发生在国家公园范围内的有害的或与管理目的矛盾的活动都必须被禁止。在实际情况中，在国家公园被划定保护之前，就已经出现了一些小范围的利用或侵占，管理规划中必须强调对此部分区域的恢复。

③ 国家公园内的所有活动必须与其固有文化因子相协调，这些文化因子可能是由各色当地人共同积累下来，并经过长期发展才形成的；而且，传统本土利用方式必须与管理规划或者其他相同性质的管理规定相适应，才被认为是恰当的。

2. 国家公园的管理目标

在 IUCN 国家公园与保护区管理体系中，将国家公园的管理目标确定为：

■ 保护国家级和世界级自然风景地，提供精神、科学、教育、游憩和旅游机会[①]。

■ 永久保持具有自然地理、生物群落、基因资源和物种的代表特征的典范，使其尽可能保持自然的状态，从而保证生态稳定性和多样性[②]。

■ 以精神、教育、文化与游憩为目的的游客活动，使保护区保持自然或近自然的状态。

■ 消除并防止对国家公园存在的目的造成危害的利用和侵占[③]。

■ 持续尊重促成国家公园存在的生态、自然地貌、神圣或审美的因素。

■ 促成国家公园存在的因素必须得到保护，虽然管理的重点可能会因为时间的推移而有所变化，但是公园内的自然和文化特征都必须得到保留。

■ 将当地人的需要纳入考虑的范围，包括替代性资源利用，但不能对公园的管理目标造成影响[④]。

3. 国家公园的入选标准

在 IUCN 国家公园与保护区管理体系中，将国家公园的入选标准确定为：

■ 保护地内必须包含关键自然区域、特点或风景的代表范例，其间的动植物种、栖息地和地理地形具有特殊的精神、科学、教育、游憩和旅游价值。

---

① 国家公园的游憩和旅游功能是很重要的，但是，这些活动都只能基于对保护地自然系统的观赏。这一功能是国家公园与类别Ⅰb原野保护地的区别所在，在物理特征方面，二者都比较相似。

② 国家公园的面积大小可能各有差异，主要取决于保持其内部生态系统完整性所需的面积，生态系统的完整性与周边的占用和土地利用情况有着很大的关联性。但是，通常而言，为了保护具有代表性特征的自然地理区域，国家公园的面积相对要大。尽管在全球保护地名录中以1000公顷作为划分国家公园的下限，但是这个数字只是图方便省事而设立的，显然不符实际，对IUCN指南的实际应用有所局限，例如在澳大利亚的应用中，就没有执行这个界点。为了保护生物群落和生态过程，使保护地恢复或保持其基本的生物特征，诸如火情控制、野生动物控制、野草控制等措施都有可能会被采用。

③ 必须在管理规划或同等性质的其他文件中阐明建立国家公园的目的；必须严禁任何对国家公园管理目的有害或与其背道而驰的活动。实际情况中，在国家公园获得保护之前，一些小范围的侵占或利用可能就已经出现，可能是发生在国家公园内，也可能是毗连区域，这些活动必须不能对国家公园造成有害的影响。有害的活动包括采矿、伐木、放牧，以及不合适的游憩活动比如没有限制地使用四轮机动车；开发旅游基础设施等，必须制定政策逐步停止这些有害的活动。

④ 在与管理规划或与此类似的管理宣言达成共识的情况下，当地社区可以选择以传统方式利用资源，但必须保证不会对国家公园内的资源造成重大的和长期的不利影响。可以采用管理规划中认可的非本土技术（例如来福枪和四轮驱动交通工具），但是，国家公园内部禁止出现资源消耗型活动（例如商业捕捞、伐木、放牧、农业以及娱乐性狩猎等）。

- 作为一个生物多样性保护、文化、娱乐、美学或科学的整体单位，国家公园对社会有着特殊的价值。
- 保护地必须足够容纳一个或多个完整的生态系统[①]，使其不会因当前的人类侵占或利用发生变异[②]。

4.国家公园的管理组织责任

国家公园通常必须由国家最高权力机构所有和行使管理权，但是，也不排斥由另一级别的政府、当地人组成的委员会、致力于保护地长期保护的基金会或者合法成立的团体所有和管理。

国家公园通常必须由国家政府以公共福利或以某种恰当的租赁方式交予致力于国家公园长期保护（不少于99年）的当地土地委员会所有和行使管理。

5.国家公园的管理组织责任

国家公园通常必须由国家最高权力机构所有和行使管理权，但是，也不排斥由另一级别的政府、当地人组成的委员会、致力于保护地长期保护的基金会或者合法成立的团体所有和管理。

国家公园通常必须由国家政府以公共福利或以某种恰当的租赁方式交予致力于国家公园长期保护（不少于99年）的当地土地委员会所有和行使管理。

二、典型的国家公园管理体制

（一）国家公园在国际上的地位及发展情况

1969年，在世界自然保护联盟第十次大会上，联合国教科文组织和国际自然保护联盟统一了国家公园内涵，并基于管理目标的不同将自然环境保护地划分为6个不同的类型，提出了以国家公园为代表的"国家公园与保护区体系"。随后的几次会议对该体系进行了完善，最终被世界上100多个国家广泛认可，使该体系成为目前国际公认的生态保护体系划分标准。

---

① 什么才是完整的生态系统呢？这取决于保护地的管理目的。The Macquarie 字典中将生态系统定义为"一群有机体的社区，及其所生活的环境"，当将此定义与入选指标中的第一条结合起来考虑时，可以很清晰地看出类别Ⅱ是一种广泛意义上的保护，而非只是针对某些独立自然特点的保护。这一点也是类别Ⅱ与类别Ⅲ的区别，类别Ⅲ仅只是针对独立的自然特点而言的。

② 在满足这一标准的情况下，类别Ⅱ国家公园中允许出现可变性生态系统，在其存在不影响其余区域的主要管理目标的情况下，类别Ⅱ中允许小范围的改变。可以接受（但并不期望发生）的可变性生态系统比如：沿城市周边的高风险地带的火险管理区；植被恢复区；采取控制措施的杂草污染区。

黄石国家公园是世界上第一个国家公园，自 1872 年建立以来，国家公园发展迅速。目前，世界上已有 200 多个国家和地区建立了国家公园。在处理生态环境保护与发展的关系方面，国家公园已被证明是一种实现双赢的有效管理体制和发展模式。同时，国家公园在管理运营、资金筹集运营、管理志愿者制度建立、多方参与等方面的运行机制和积累的成功经验，得到了各国的好评和借鉴，成为世界上最广泛的自然生态环境保护模式。

作为重要的旅游品牌，国家公园已经成为世界各国吸引旅游者的最重要的旅游目的地，国家公园所产生的旅游收入已成为许多地方的主要经济来源。黄石国家公园每年吸引世界各地 300 万游客，带动周边地区实现 5 亿美元的经济收入。

（二）典型的国家公园管理体制

由于资源禀赋、制度环境与权利构架的不同，不同国家的国家公园管理体制不尽相同。根据治理主体不同，国家公园管理体制主要有四个基本类型：

1. 政府主导体制

国家公园作为一种自然保护地的空间建构，往往是一个国家为保障环境正义、社会公正与国民游憩权利而面向大众提供的一种公共产品，因此政府在国家公园的建设中发挥着重要作用。由国家或准国家的政府机构担任决策权威，承担责任与义务，一般通过强制措施来抑制国家公园建设与经营管理中的不稳定因素，以指令或咨询的形式制定管理决策的管理体制被称为"政府主导型"国家公园管理体制，进一步细分又包括中央政府主导、地方或省级机关部门主导和政府派出机构主管三类（见表 2-3）。

表 2-3　政府主导型模式的细化分类与特征

	中央政府主导	地方或省市机关部门主导	政府派出机构主导
代表国家	美国	澳大利亚	玻利维亚
管制特点	联邦政府管理	主要由州政府管理	由国家政府通过协议的形式委托非政府组织、社会团体、科研机构主管
权威机构	国家公园管理局	新南威尔士州为环境和气候变化部下的国家公园与野生生物局，昆士兰州为环境保护署下的公园与野生生物局，维多利亚州为可持续和环境部下的维多利亚公园局	无权威机构
立法	多层次法律保障，一园一法	联邦及各州立法	环境法（1991 年颁布）
财税	中央财政支持为主	州财政资助为主	以国际捐赠为主

（1）中央政府主导型国家公园

中央政府主导是绝大多数国家公园管理体制采取的基本模式，也被认为是最有效和最恰当的治理方式。一般而言，由中央政府长期治理（超过100年）的区域相对更适应于此模式。美国在风景民族主义的驱动下，形成了中央政府主导型国家公园管理体制，在内务部下设立国家公园管理局（National Park Service，下文简称NPS），以保护国家的自然、文化资源免遭破坏，为后代维持国家公园体系的舒适性、教育性及激励性功能为首要职责，发挥着服务、协调、民主推广、辅助国民教育、科研技术支持、员工选拔及培训、整合管理及智能化决策等功能。

NPS总部与各地方执行机构同时向局长负责，总局局长职位下设2位副局长和1位外务部协理；总局下设直接向总局局长负责的5个职能部门和7个地区分局（分局辖区以州界划分）；成立由总局局长、2位副局长、5位职能协理、7位分局局长等15人组成的决策与指挥中心——国家公园领导委员会（见图2-2）。国家公园所在地的地方政府无权干涉国家公园局的管理，即使治安也由NPS独立执行。

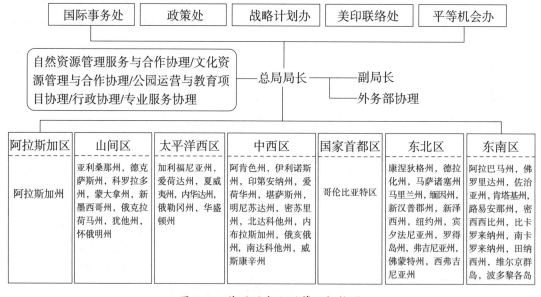

图2-2 美国国家公园管理机构图

（2）地方或省级机关部门主导型国家公园

中央政府主导型国家公园虽然有利于政令统一，但政府的财政压力会不断增压，而且地方政府参与的积极性也不高。有些国家选择从中央政府主导向地区政府主导转型的，如西班牙。西班牙共有15个国家公园，形成了"中央政府—大区政府—国家公园"三级管理体系，国家层面由环境、农村和海洋部下的国家公园管理署主管全国国家公园的监督工作，目前正在逐步从管理署主管走向大区政府主管的管理体制。

在中央政府层面，国家公园管理局负责国家公园的监督和管理。环境部通过国家公园网络管理国家公园。其主要职责包括协调和推动国家公园建设、制定基本准则、组织规划国家公园建设，确保国家公园协调发展，发布国家公园保护和旅游信息。

此外，国家公园管理局还管理尚未移交给该地区的国家公园。一些转移的国家公园由环境、农村和海洋事务部以及国家公园管理局领导地区政府和当地社区共同组成联合管理委员会。国家公园管理局和地区政府轮流担任委员会主席，并派出相同数量的代表。对于所有移交的国家公园，地区根据其组织和管理结构设立相关管理机构，在一些地区成立了公园管理委员会，由区域环境部、政府部和国土资源部代表，县、市代表和中央政府代表组成；一些地区已指定主管部门直接管理并指派国家公园负责人。如果国家公园跨越两个或多个地区，各地区应协商并建立合作管理机构。

澳大利亚联邦政府对于大多数国家公园的土地无直接管理权，形成了联邦政府直管型国家公园体制。根据澳大利亚宪法，各州承担本州范围内的国家公园建立和保护职责，这样就形成了由州政府直管的国家公园行政管理架构。由于国家公园理念在澳大利亚被普遍接受前，各州经历过一个各自为政的阶段，这一阶段国家公园及相关保护地出现了职能和名称上的州际差异。在州直管制度确立后，形成了国家公园在首都区由环境部主管，北区由保护委员会主管，昆士兰、塔斯马尼亚、维多利亚、南澳大利亚、新南威尔士由公园与野生动物管理局主管的管理格局，而且各个管理局的管理范畴也有差异。

2. 联合治理体制

由于政府主导型国家公园在利益相关者权益保障、社区参与等方面存在一定缺陷，鉴于此，许多国家的国家公园体制从政府主导型向联合治理型模式转型，如泰国。国家公园联合治理制度（或称"合作治理"）是指决策权、责任、义务由多个主体共同承担，只有利益共享才能达成共识，通过谈判或签订合同进行管理决策的治理模式。当利益相关者和管理者参与立法或政策制定时，特别是当保护区跨越行政边界时，联合治理的国家公园可分为跨界联合治理和合作治理两类，两者在管制特征、行政架构等方面有较大差异（见表2-4）。

其中，跨边界治理是在行为主体知悉各自的法律权利与义务的情况下管理国家公园，一般正式的决策和权责分配也要通过一个组织机构（多数情况下是政府机构）来实现，但该机构必须在法律或政策框架下与其他利益相关者实现利益协调。

表 2-4　国家公园的跨国界治理与合作治理示例

关键问题	跨边界治理	合作治理
名称	La Amistad International Park	Charges National Park
治理特征	边界呈现多主体参与管理的特征；虽然跨越国界，但在各州省间的管理有较大相似性	大量利益相关者参与管理和承担责任；可能会有提议和决策的实体；各主体在正式实体有席位
所属国	哥斯达黎加和巴拿马	巴拿马
所属类型	国家公园（Ⅱ）	国家公园（Ⅱ）
面积	哥斯达黎加约有 584 平方千米，巴拿马约有 650 平方千米	1295.85 平方千米
基本情况	鉴于复杂边界情况，成立了管理委员会以协调遗产地的管理；由四个行政单元构成	位于巴拿马运河流域，为运河运营和附近城市提供水源；形成多利益相关者共同治理的管理委员会
官方管理机构	哥斯达黎加：Sistema Nacinal de Areas Protegidas；巴拿马：Autoridad Nacinal del Medio Ambiente	Autoridad Nacinal del Medio Ambiente
土地所有权	大多数为国有，也存在少数原住民或私人拥有的情况	大多数为国有，也有私有和社区所有的情况
人地关系	一般有利于生物多样性保护，尤其加勒比海一带	对于生物多样性保护具有多方面的影响
环境服务	为社区提供水、生物多样性、土壤和生态旅游等环境服务	为巴拿马的运行、巴拿马城和科隆提供 40% 的淡水，也提供生物多样性和生态旅游等环境服务
地景 / 海景的景观完整性	具有完整性，也有不合理的土地利用情况（主要是农业利用）	具有完整性，但受到不合理土地利用的威胁（主要是农业和城市化）
管理兴趣	利益相关者群体有强烈的管理兴趣	利益相关者群体有强烈的管理兴趣
公众咨询 / 法律保障	《7788 生物多样性法》为公众参与自然资源保护提供了法律依据	目前通过两部法律，一是保证公众参与的《行政法令 N82°》和环境信息政策的公众可得性的《行政法令 N83°》
财政体制	2007 年启动 2600 万美元的债务互换以推动 Amistad 的保护事业	2003 年启动 1000 万美元债务互换，一半用于公园今后 14 年的投资；另一半用于 "Chagre 基金"

资料来源：摘选自《Governance trends in protected areas: experience from the parks in Peril program in Latin American and Caribbean》（Nicole M.Balloffet，Angela Sue Martin，2007：12），有删减。

从"联合"的强度来看，它包括弱联合管理和强联合管理两类。有的"联合"只停留在对利益相关者信息公开和互动咨询等"较弱"的层面，有些学者认为某些东南亚国家就存在这种较弱的管制结构，如马来西亚、越南、老挝、柬埔寨等国近年来虽然开始关注社区利益，但却仅停留在缓冲区及周边地区，而西非的尼泊尔、贝宁等国的保护区联合管理则基本没有法律保障。也有联合程度稍有改善的国家，譬如菲律宾，其保护区管理有法律保障，由政府官员、非政府组织、社区代表构成的管理委员会负责执行，但仍旧存在地方居民在国家委派的委员会主席面前表达思想的意愿普遍不足、会议与工作组掌握的资源有限等方面的缺陷。

较强的"联合"一般会建立利益相关者的决策实体，遵循的是"相关议题的意见达成一致后，方可批准"的机制，一般有法律保障，譬如澳大利亚。1981年，澳大利亚出现第一个联合治理型国家公园——Gurig 国家公园，土著居民同意在公园保持保护区的基本状态并承担公园管理责任，土地所有权由土著居民所有，土地由土著居民出租给联合管理委员会下的政府保护机构，争议出现的时候，所有的利益相关者都可以参加裁决。联合治理的主要工作内容聚焦于利益相关者的信息与利益分享、协商以及管理参与，亦即工作人员、国际团体及其他利益相关者的学习过程等方面[1]。

有鉴于联合治理模式对利益相关者关系的兼顾性，越来越多的国家开始采用这一保护地治理模式，澳大利亚、加拿大、法国、意大利、英国等国的许多国家公园采用了这一治理模式，而阿根廷、刚果、德国、印度、伊朗、罗马尼亚等国也进入了联合治理的试点阶段。

3. 社区主导体制

"社区主导体制"是由原住民或地方居民等担任决策权威，承担责任与义务的治理方式。第五届世界公园大会和生物多样性公约（CBD）的保护区工作计划将社区治理型保护地纳入合法的保护地类型。

目前全球已有上千处社区治理型保护地[2]，譬如马来西亚的 Tinangol 国家公园，玻利维亚的 Isidoro-Secure 国家公园，印度的 Safety forests 国家公园，哥伦比亚的 Alto Fragua-Indiwasi 国家公园等。这些国家公园大多在培养社区认同感方面很重要，而且与社区生

---

① 如澳大利亚卡卡杜国家公园对其联合治理目标是这样表述的：为提高 Bininj 人及其董事会对本计划实施的满意度；为更及时地完成行动计划；为提高 Bininj 人参与本计划实施过程的满意度；为了让主要管理决策更符合决策原则；为了提高其他利益相关者对国家公园管理的透明度和权责关系的满意度（资料来源：Management Plan 2007-2014：Kakadu National Park，Director of National Parks Australian business，2007）。

② 详见社区治理保护地论坛 http://www.iccaforum.org。

活、土地资源和水资源管理等问题密切相关。这种治理模式旨在保持生态系统和土地景观的结构和功能特征。管理框架相对简单，维护成本相对较低。

社区主导包括两类：原住民主导和地方社区主导。与联合治理不同，社区主导的制度是以社区为中心的，政府不参与自然资源的管理，而联合治理强调政府应承担管理责任。尽管许多社区主导的保护区为生态维护作出了巨大贡献，但出于许多原因，它们没有被国家政府纳入保护区体系，仅依靠社区的习惯规则或协议来维持保护区的发展，没有正式的法律保护。一般来说，社区主导的国家公园是经过相关国家政府机构认证的国家公园。例如，澳大利亚原住民治理国家公园的治理模式以原住民所有权的形式运作，在州立法和原住民法律的框架下建立，并选择他们可以接受的政府干预程度。

在以社区为导向的国家公园中，首先要解决的问题是如何广泛了解公园内的居民或社区；如果有必要融入官方保护区体系，如何使保护区得到法律支持；如何获得各种相关技术支持（如资源评估、意愿表达、内部和外部沟通、技术应用、社会认同、法律制度建设等），有时原住民和当地社区也会反对将自己社区管辖的保护区纳入官方认可的国家公园体系。他们要么认为游客和运营商的进入会打破原本平静的生活状态，要么担心失去原有的自治权。事实上，许多自发的社区保护区在保护生态环境和服务当地居民的自然娱乐方面发挥了非常积极的作用。一些官方认可的保护区无法有效实现上述目标。鉴于此，IUCN 和 CBD 等组织发布了大量政策，以确保自发形成的社区保护区的合法性。

4.私人主导体制

"私人主导体制"是指由土地和资源所有者担任决策权威，承担责任与义务的治理方式。例如，荷兰的 De Hoge Veluwe 国家公园（De Hoge Veluwe National Park）最初由 kroller – muller 家族所有，后来于 1935 年由公园管理基金会接管，是一个独立的、非营利的、私人拥有的国家公园。在土地和资源所有权方面，一些私有化国家公园的所有权有个人（个人或家庭）、非政府组织（多为非营利组织）、大学集团或企业，每种所有权对应着不同的管理方式。由于政府不干预私有保护区的运营和管理，因此很难收集到相关的统计数据。

在一些国家，保护区基本上是私人治理，比如约旦。有些地方，比如南非的夸祖鲁—纳塔尔省，保护区的数量超过了政府的保护区；其他国家公园则通过政府和私人组织之间的合同关系进行管理，如印度尼西亚的科莫多国家公园或赞比亚的卡山卡国家公园（该国最小的国家公园，也是第一个由私人管理的国家公园）。私人管理的国家公园关注生物多样性保护、旅游开发或其他类型的环境可持续生产行为，但缺乏对当地社区或国家保护区系统的责任感（Nicole M. Bealloffet, Angela Sue Martin, 2007）。也有学者认为，私人主导型国家公园严格意义上讲，并不属于国家公园的范畴（王维正，2000）。

5. 对比与启示

从国家公园的管理体制上看，全球出现了以上四个主要模式，由于各国政治体制、经济发展条件、资源环境保护历史与基础的差异，各国在国家公园管理体制上选择路径不尽相同，同时由于资源禀赋与环境生态本底的不同，即便是同一个国家的国家公园也会出现不同的治理模式（见表2-5）。总结起来，政府主导模式政令统一，有利于提高治理效率；联合治理模式有利于协调多方利益，但存在缺乏有效法律约束与监督的情况下，容易出现松散的联合治理现状，影响治理效率的问题；社区主导型模式有利于保障社区利益与权利，但高度依赖于法律法规的完善；私人主导型容易形成地方认同，但如果未达到国家或地区认同，将面临更多的发展压力，且难以统计与对比。

表 2-5　四个典型国家公园管理体制的对比

管理体制	资源与土地为国家所有制	公园有人地交互作用	有传统居住	为本地社区提供环境服务	为本地社区创造经济与社会价值	其他利益相关者的管理兴趣
政府主导型模式	是	很少	无	否	很少	低
联合治理型模式	是（且人口数量较大）	是	有	是	是	高
社区主导型模式	否	无关	无	否	很少	低
私人主导型模式	否	是	有	是	是	高

资料来源：根据《国家公园的旅游规制研究》（张海霞，2012）整理。

（1）资源保护与科研监测机制

①资源保护机制

自然资源与生态环境是国家公园保护目标的核心，也是自然游憩所依托的核心资源，其保护与维护对于国家公园的生存与发展而言，是最关键的因素。纵观全球国家公园的发展，以及 IUCN 等国际组织对国家公园的解读，国家公园在资源管理上应当坚持三个基本原则：A. 可持续性原则，一是指保护管理过程的可持续性，政策制定、制度安排、技术标准制定、资金支持、教育科研等各个方面都不应因盈利或其他原因而忽视资源与环境保护，部分非洲国家公园就因为过度强调旅游发展的重要性，许多重点保护的野生动植物资源面临着严峻的生存压力，这是不可取的；二是要保证资源利用方式的可持续性，尤其对于森林型、水域型国家公园，要注意把握林木资源、渔业资源的生产性利用的阈限，保证利用方式不仅有利于资源的持续存在，也能惠及后代人。B. 多样性原则，国家公园强调生态系统的服务功能，维护生物多样性是其主要目标，但也不排斥地方文化要素，保持文化景观的原生状态也是多样性原则的另一个含义。C. 整体性原则，一个国家公园的整体功能在国家保护区体系是具有代表性和典型性的，规划与管理过程中都应保证公园系统的完整性。

从管理对象上看，形成了两个资源管理目标，即自然与环境资源管理、文化资源管理。自然与环境资源管理、文化资源管理每一方面又包括资源的保护与维护两个环节。在自然与环境资源的管理上，一是要明晰特定国家公园保护的对象，二是要对公园的资源与环境进行日常维护，尤其应当关注以科学研究为依据的事前预防性维护，以此推动公众理解。文化资源的保护一般不是国家公园保护的核心内容，但如若国家公园内有一定数量的原住民或文化遗存，文化资源的保护也不可忽视，尤其是对于人口数量众多的、经济相对落后的国家公园。在国家公园范围内有文化遗存的时候，文化遗产的保护任务是不可推卸的，有些国家甚至将文化遗存保护的重要性上置于国家公园保护之前，如芬兰的科里国家公园[①]。

从保护机制上看，目前主要有科学保护机制、依法保护机制、科学规划机制、合作研究机制、协商保护机制这五类，其中美国国家公园管理局根据资源类型的差异形成不同的保护机制，尤其强调法律法规与科学研究对国家公园资源保护的积极作用（见表 2-6），而澳大利亚则主要采取依法保护机制实现资源的科学保护与利用（见表 2-7）。

表 2-6 美国国家公园的资源保护机制

保护对象	保护目标	保护机制
自然资源	自然资源管理规划、自然资源信息管理、自然资源影响评估、自然系统恢复、损害自然资源的赔偿	科学保护机制（国家公园管理局的调查、监测与研究）；协商保护机制（国家公园管理局与联邦、部落、州、地方政府、团体以及私人土地所有者）；合作研究机制
生物资源	动植物物种种群的稳定性、灾后自然景观恢复、动物捕获与植物采摘管理	科学保护机制（严格限制与禁止外来物种引入；害虫综合防止与控制）；合作管理机制（与州、部落政府、渔业和野生动物管理局、国家海洋渔业管理局合作）；依法保护机制（《濒危物种保护法》以及相关国家公园局长令）
水资源	水权、水质、泛洪区、湿地、水域、溪流	依法保护机制（国家公园局长令）
空气资源	空气质量、天气和气候	依法保护机制（《净化空气法案》和国家公园局长令）

---

① 科里国家公园内有悠久的刀耕火种农业历史文化，是芬兰珍贵的文化遗产资源，值得注意的是，科里国家公园起初的遗产保护对象并非原野自然环境，而是刀耕火种农业文化的遗产地。

续表2-6

保护对象	保护目标	保护机制
地质资源	地质资源保护（海岸线、海岛、岩溶地貌、地质灾害）、地质特征管理（古生物学资源、洞穴、地热和水热资源、土壤资源）	合作研究机制（与联邦地质调查局及相关领域专家合作）；依法保护机制（《泛洪区管理》《海岸地带管理法案》、国家公园局长令等）
声音管理	自然声音的保护	科学规划机制（人工噪音控制）
火情管理	火情的监测、辨识与控制	科学规划机制（火情管理计划）、依法保护机制（国家公园局长令）
光的管理	自然光的保护	科学规划机制（人工光的限制）
化学物质与气体管理	自然化学物质和气体的自然流动	—
文化资源	文化资源得到保护、合理利用（包括维护），并供公众了解与欣赏	依法保护机制（《文物法》《国家历史保护法》《考古资源保护法》等）、科学计划机制（制定文化资源计划）、协商保护机制（国家公园管理局与有关团体达成互惠协议促进和保障传统文化活动的开展与资源的保护利用）

资料来源：根据李如生的《美国国家公园公园管理体制》（中国建筑工业出版社，2013年）摘选。

表2-7　澳大利亚国家公园的资源保护机制（以卡卡杜国家公园为例）

保护对象	保护目标	保护机制
野生动物	禁止和限制对保护动植物的不利行为	依法保护机制（The EPBC Act）
遗产资源	保护遗产价值	依法保护机制（The Australian Heritage Council Act 2003，The EPBC Act）
环境资源	保障公园自然遗产的国家环境意义	依法保护机制（The EPBC Act）、监督信访制度

注：The EPBC Act系指"Environment Protection and Biodiversity Conservation Act 1999"）；监督信访是指对国家公园内任何项目的环境影响有异议的个人，有权利向《环境保护与生物多样性保护法案》的执行委员会举报。

②监测与科研机制

围绕自然生态环境保护与游憩可持续发展两大管理目标，展开范围内自然生态资源、动植物资源调查与评价，以及生物多样性监测与评估、游憩发展监测与影响评价等研究是多数国家公园运营的核心内容。概括起来，国外国家公园的资源环境监测与科研机制有以下几个特点（见表2-8）：

表2-8　代表国家的国家公园资源监测与科研政策与项目情况

国家	资源监测与科研政策规定	主要监测与科研项目
美国	（1）自然资源调查研究：国家公园管理局进行或负责的调查、监测和研究必须公开；非国家公园管理局的研究项目必须符合国家公园管理局独立调查研究的相关规定；自然资源调查数据需有长期管理机制；对公园内有商业用途产品的开发必须经过公园管理局同意，并且签署合作研究和合作开发协议方可通过。 （2）文化资源调查研究：国家公园管理局相关研究，必须记录在管理局相关数据库内，永久保存，除非受信息自由法（FOIA）保护，均要公之于众；国家公园管理局需促进相关组织与个人对公园内文化资源的考察与研究，但必须符合相关法律法规规定，必要时公园管理局应签发特殊使用许可，给研究人员提供设施设备与协助	根据内务部颁布的《科学研究与采样的操作程序与要求》，美国国家公园体系相关的监测与科研项目主要有：合作生态系统研究单位网络（The Cooperative Ecosystem Studies Units Network①）、大火与航空管理项目、地理科学家与培育项目、国家公园奖学金项目等
澳大利亚	澳大利亚相关法规对国家公园动态检测和评价作出了明确规定，监测内容设计到火、生物多样性、游客、外来物种、杂草及管理等多方面。如昆士兰法律规定，每两年对国家公园计划执行情况进行一次快速评估	联邦政府自然遗产信托基金（NHT）资助昆士兰东南区火与生物多样性管理处编制了《火与生物多样性监测手册》
南非	开展三大领域的研究，即生物多样性与社会科学研究、公园规划与发展、野生动物、公园管理政策与治理研究②。出版《国家公园年度研究报告》	青年科学家项目（The Junior Scientist Programme③）、河流/萨瓦纳边界项目（River/Savanna Boundaries Programme④）、梅隆植物生态奖学金（Mellon Plant Ecology Fellowships）等5个常设科研项目

资料说明：根据以上国家的国家公园管理机构官网资料整理。

---

①　主要由370个成员组成，包括15个联邦组织，17个合作生态系统研究单位，具有代表性生态地理区域的50个州及相关地区，致力于为长期的科学研究与资源管理提供一个研究、教育与支持平台。

②　南非国家公园非常重视科研服务，由南非环境与旅游局（Environment Affairs and Tourism）下设的国家公园委员会（San Parks Board）中设立运营、核心功能、辅助功能三类执行部门，其中辅助部门的合作支持服务处（Division of Corporate Support Service）主管公园的科研服务。资料详见《San Parks Coordinated Policy Framework》（South Africa National Parks，2006）

③　由安得烈梅隆基金会（Andrew Mellon Foundation）资助，主要面向自然、生态与保护等学科的优秀博士生。

④　南非金山大学（University of the Witwatersrand）、克鲁格国家公园（Kruger National Park）、美国华盛顿大学（University of Washington）和加州大学伯克利分校［University of California（Berkeley）］的联合研究项目。

第一，国家公园管理方是自身生态系统、自然资源的权威调查、监测与评价主体。多数国家公园是由国家公园管理方依照相关法律法规和计划规划，设置监测场点、配置监测设施、组建科研队伍，国家公园管理方不仅仅是管理主体，也是自身自然生态资源与环境的权威研究主体。如南非克鲁格国家公园的生态系统研究就以国家公园委员会为主，通过与国内外著名科研机构的多样化科研合作，成为在全球具有权威性的科学平台和高层次科研人才培养基地。

第二，针对国家公园的自然文化资源研究被视为是公益性研究，应形成动态系统的资源监测和数据系统，相关研究成果除非有特殊法律规定，都应向全社会信息公开，以增进对国家公园自然与文化资源的社会认同，促进国民在环境与资源保护上的凝聚力。典型的科研资源公开途径有资源普查公报、科研年报等形式。

第三，国家公园的相关科研经费是国家公园经费来源的重要组成部分。譬如西班牙国家公园管理署每年通过科研项目、监测项目等横向科研项目的形式为国家公园投入资金[①]。

第四，多数国家公园都积极发展广泛的科研合作伙伴关系。无论是发达国家还是发展中国家，围绕国家公园自身独特的自然生态资源与环境，吸引国内外著名的研究机构，通过科研项目合作、科研基地建设、科研人才联合培养等方式，不仅有利于维系国家公园科研服务功能、吸引科研经费与科研捐赠，也可以进一步从科学层面提高国家公园的国家意义。

（2）门票价格与预约机制

门票是游客进入国家公园的许可证，是国家公园建设资金的重要来源，也是调节客流的基本管理工具。即使在发达国家，由于政府无法提供所有的管理费用，国家公园也会向游客收费。除了筹集维持运转和建设所需资金之外，收取门票还有利于实现部分管理目标，包括降低拥挤程度和生态破坏、调节游客流量和流向。经验证明，价格适中的收费并不会对国家公园产生重要影响。尽管如此，国家公园管理机构仍需关注收费上涨对游客产生的影响，采取适应性的管理措施。在世界范围内来看，多数国家明确了国家公园的公益价值导向，制定了相关法律制度，采取多样化的价格策略，并提供预订服务。

---

① 西班牙对于没有移交给大区政府的国家公园，国家公园费用都由国家公园管理署拨付，已经移交的由管理署通过各种项目（包括科研项目）的形式，投入到国家公园（陈洁，陈绍志等，2014）。

①门票价格机制

在门票价格导向方面，各国政府更多地将国家公园视为一种公共产品，更重视其生态系统价值和社会福利导向，普遍采用低门票甚至免门票的价格政策。美国本着旅游资源的公益性质，近1/3的国家公园采取免票政策，收取门票的国家公园的人均门票仅仅为40美分，游客的年均量约为2.5亿～3亿人。每年门票收入总额大约为1亿美元，国家公园的门票收费价格与居民月平均收入之比也普遍较低，如美国黄石国家公园仅为0.56%。多数国家依靠其强大的经济实力、广泛的社会参与程度、完善的相关法律法规，促使国家公园建设资金来源向多元化发展。

在门票价格形成机制方面，各国有所不同。美国现行的定价指南是根据美国国会1996年的立法制定的，规定所有国家公园门票最高不能超过20美元，年卡费用最高为50美元，除此之外，美国国家公园实行一票制，公园内无其他需另收费的参观景点。加拿大公园管理机构则认为，定价要考虑几方面的市场因素，如供给与需求，其他国家公园同类服务项目的价格、质量、区位等因素。为了更好地管理和开发新的创收方式，他们对游客进行问卷调查并进行数据统计，以了解游客愿意支付的价格水平。通常而言，国外国家公园主要采取高峰定价法、比较定价法、边际成本定价法、多层次定价法、差别定价法制定门票价格（见表2-9）。

表2-9 国外国家公园定价的主要方法

序号	定价方法	特征描述
1	高峰定价法	按照需求，在不同时间采取不同的价格
2	比较定价法	以其他公园类似产品或服务的平均价为基准制定价格
3	边际成本定价法	按照边际成本等于边际效益原则定价，即价格点位于边际成本线与边际效益线的相交点
4	多层次定价法	按照游客不同客源地、年龄确定不同的价格（比单纯高价或低价受益更多，但其实施有限制条件）
5	差别定价法	不同层次的服务，其价格也不同

资料来源：Brown，C.R.，2001. Visitor Use Fees in Protected Area：Synthesis of the North Amercian, Costa Rican and Belizean Experience. The Nature Conservancy Report Series Number。

许多国家对国家公园门票的定价采取了灵活多样的方式，运用灵活多样的价格杠杆对游客流量进行调节，如表2-10。

表 2-10　国外国家公园门票价格表现形式

序号	价格形式	说明
1	不同季节、时间段不同价格	淡旺季有不同的门票价格；同一天不同时间有不同的门票价格
2	不同游览段不同价格	游览时到达不同地点有不同的价格
3	家庭套票、年票、周期票等形式	一张门票一天之内可以多次进出公园
4	不同社会群体不同门票价格	优惠群体：学生、教师、记者、老年人、残疾人等 免费群体：未成年人参观博物馆、艺术馆等
5	价格双轨制	对国外游客的定价高于对国内游客的定价

对于特定的国家公园，门票形式和不同的游客群体差异很大。首先，不同的社会群体有不同的票价，如免费群体和优惠群体。除了青年学生是最大的受益者外，许多国家还为教师、记者、老年人和现役军人提供支持。其次，不同季节、不同时段、景点不同旅游段制定差异化收费标准。最后，单人票、家庭票、团体票、自行车票多种购票形式供游客选择。美国黄石国家公园，加拿大班夫国家公园，厄瓜多尔加拉帕戈斯群岛国家公园即是如此。美国采用与黄石国家公园类似差异化门票政策的还有大峡谷国家公园（Grand Canyon National Park）、哈来亚咔拉国家公园（Haleakala National Park）、台地国家公园（Mesa Verde National Park）、化石林国家公园（Petrified Forest National Park）、奥林匹克国家公园（Olympic National Park）、美洲杉国家公园（Sequoia National Park）等。

表 2-11　美国黄石国家公园（Yellowstone National Park）的门票价格政策

序号	游客类型	门票价格（美元）
1	个人	12（15）
2	全年	80
3	私家车	25（30）
4	摩托车	20（25）
5	非商业团	12（15）/ 人
6	商业之旅	25+12（15）/ 人
免费时段	1 月 19 日：马丁·路德·金纪念日；2 月 14 日至 16 日：总统日周末；4 月 18 日至 19 日：国家公园周的第一个周末；8 月 25 日：国家公园管理局生日；9 月 26 日：美国国家公共土地日；11 月 11 日：退伍军人节；16 岁以下免费。	

资料来源：根据网络资料收集整理。

表2-12 加拿大班夫国家公园（Banff National Park）的门票价格

序号	收费类型	门票价格（美元）
1	日票	
1-1	成人票	9.80
1-2	老年票	8.30
1-3	青年票	4.90
1-4	家庭/团体票	19.60
1-5	商业团体票（人均）	8.30
1-6	学校团体票（生均）	3.90
2	年票	
2-1	成人票	67.70
2-2	老年票	57.90
2-3	青年票	33.30
2-4	家庭/团体票	136.40

注：Annual-Discovery Pass includes entry toparticipating National Parks and participating National Historic Sites. 资料来源：http：//www.pc.gc.ca/pn-np/ab/banff/visit/tarifs-fees_e.asp? park=1。

表2-13 加拉帕戈斯群岛国家公园（Galápagos National Park）的游客收费标准

序号	游客类型	费用（美元）
1	本国人或厄瓜多尔人	6
2	不满12岁的本国人或厄瓜多尔人	3
3	来自国家研究机构的外国游客	25
4	不满2岁的外国和本国儿童	免费
5	来自安第斯共同体国家或南美国家共同体国家的外国人	50
6	不到12岁的来自安第斯共同体国家或南美国家共同体国家的外国人	25
7	外国游客（非本国游客）	100
8	不到12岁的外国游客	50

资料来源：厄瓜多尔政府管理机构，1998。转引自：保罗·伊格尔斯，斯蒂芬·麦库尔，克里斯·海恩斯. 保护区旅游规划与管理指南［M］. 张朝枝、罗秋菊，译. 北京：中国旅游出版社，2005：188-189.

即便是国外，涨价也并非禁区，但却有严格限制。在价格调整机制方面，美国制定了一套严格的法律制度，每个公园每年都可以向国家公园管理局申请微调门票价格，但需要提供充分的理由，主要原因是价格上涨；法律还规定，如果票价有所调整，新价格只有在公布一年后才能生效。价格听证制度起源于美国。经过多年的实践和发展，美国的价格听证制度也是最完善的。价格听证会在美国被称为费率制定听证会，听证会的主持机构是联邦和州监管委员会。其中，监管委员会是一个相对独立的机构，由国会设立，并对国会负责。加拿大的实践则证明，游客是冲着国家公园的质量而来的，门票价格上涨对游客人次影响不大。例如，拥有"王冠"之称的旅游目的地，如加拿大班夫国家公园价格提高一倍之后，游客量并未减少；安大略湖省立公园价格提升幅度达40%，游客量非但未减反而大幅提升。

在门票收入管理方面，各国也差异较大。按照美国立法规定，各国家公园的门票与娱乐项目收费80%可以留在公园，用于支付公园的维护和管理开支，其余20%上交国家公园管理局统一支配，用于援助不收费的公园。但厄瓜多尔加拉帕戈斯群岛国家公园在1993年《特别法》颁布之前，只有30%的门票收入返还作为国家公园的预算，其余收入则归入森林、保护区和野生动物机构；目前划归国家公园和海滨保护区的比例已经提高到45%。

②门票预订机制

确保公益性的同时，美国依靠预约和定量浏览较好地解决了限制客流/保护公园问题。在国外，"提前分配"（Pre-assignment）被视为一种基于需求的游客管理手段与策略，它是指在游客进入国家公园或其他保护地之前先将游憩区域分配给具体个人或群体，如提前预订门票。当需求较大时，预订对使用者和管理者都有利，因此这种方法运用日益广泛。这种方式提高了单位时间内的人数又保证了其可达性，且管理者通过预订可以预先充分了解需求，有助于保证设施和服务供应。在预订方式上，旅行社利用电话、信件，现在则越来越多地运用互联网。

根据国家公园相关法规，美国要求国家公园管理局开展全国性预订服务或参加某个机构间系统，以提高工作效率、更好地为游客服务、保证资源和生态安全。预订服务包括游览、野营地、管理局为游客提供的其他设施及开展的其他服务，并可根据需要扩大现有预订服务或增加服务内容。同时，为改进游客服务、提高公园利用率和管理效率。在国家公园管理局已运行的系统外，建立多渠道预订系统。非洲肯尼亚的国家公园是世界著名的野生动物自然保护区，公园只在旱季部分时间向游客开放；游客经要过预约批准，自己在野外露营住宿；每名游客门票20美元，另外过夜加收费用，露营再加收费用，而且要承担导游、搬运工、厨师的门票等所有费用。

③游客控制与引导机制

对游憩利用需求进行管理，如限制游览人数和停留时间、改变游览类型或游客行为方式，是游客管理的重要策略。为了保证环境不受到不可接受的负面影响，国家公园都会通过制定管理措施来引导限制游客活动，将破坏降到最低点。如何有效地调节游客数量，保证在让尽可能多的游客能够参观的前提下，又最大限度地保护国家公园，是一个巨大的挑战。《美国国家公园旅游执行条例》中明确规定"确认理想的资源条件与游客体验标准，并努力制定科学的环境容量以作为管理游客游憩与游览活动的基础；国家公园管理局规划的每个公园都必须限定游客容量"。根据法律规定，美国国家公园制定总体管理规划时，都应明确"公园内所有区域的游客容量和实施责任"。公园管理机构可以通过确定接待能力并将利用活动控制在接待能力之内，可以防止给赖以建立的资源和环境造成不可接受的影响。对国家公园内的所有区域，管理人员都应查明其游客接待能力，以管理游客利用活动；对有可能带来不可接受的影响的情况，管理人员还应确定监测和解决办法。

对于如何确定接待能力和游客容量，一般方法是管理人员依托既有的自然科学和社会科学资料及其他信息作出决策。在决策过程中，应考虑以下几个方面的因素：游客对资源状况和活动经历的期望，决定这些资源状况和活动经历的质量指标和标准；有助于得出合乎逻辑的结论和保护公园资源与价值的其他因素。

由于价格调整需要的周期较长，美国国家公园一般不通过提高门票价格的方式限制人数，而是采取限制门票数量、调节时间段等措施，调整游客数量。博茨瓦纳国家公园管理者的理念是"对环境的影响最小化"。每个风景区或保护区都考虑到环境的承载能力。有控制游客流量的措施，如不随意建造酒店、招待所和营地设施，从源头上限制游客流量。

（3）特许经营机制

特许经营包括两种：商业特许经营（Franchise）和政府特许经营（Concession）。政府特许是指政府公司凭借特许经营权，可以经营国家的公共资源和公共产品。特许权人向乡政府缴纳特许权费，并在政府的监督下开展经营活动。与商业特许经营不同，政府特许经营属于公法领域，属于行政调整范围，而后者属于私法领域，属于民商法调整范围。针对自然保护地的特许经营，特许标的是公共资源特许权，属于政府特许经营的范畴。

特许经营制度可以实现管理者与经营者的分离，有利于避免"重经济效益、轻资源保护"等弊端，推动服务标准化，而且政府特许经营反映在政府规制行为上，是一种以合同形式管制的方式，比法律法规更严格、更具体、更有可操作性。Tompson（2008年）曾就纳米比亚 Etendeka 山地营地的特许经营制度效益进行对比，发现实施特许经营制度后，纳米比亚营地在增加本地就业、保证社区利益、提高游客体验、增加地方收入等方面都发挥了积极作用（见图2-3）。

①国外国家公园特许经营项目范围

——美国特许经营项目。1965年美国国会针对国家公园的管理经营活动通过了《特许经营法》（National Park Service Concessions Management Improvement Act of 1998）及其他国家公园管理规制政策，在国家公园体系内全面实行特许经营制度，特许经营制度的实施有效提高了游客体验质量，也为公园内外居民的生活质量提高带来了新的机遇。现在全美各国家公园特许经营合同达到 575 个，约 6000 多个特许授权，每年超过 10 亿美元的经济收入，超过 2.5 万个就业岗位[①]。特许经营范围主要包括餐饮、住宿、零售等三个类型，分别占特许经营商总收入的 20%、20%、25%。特许经营采取向社会公开招标的方式，经济上与国家公园管理者无关，同时经营者在经营规模、经营质量、价格水平等方面必须接受管理者的监管。

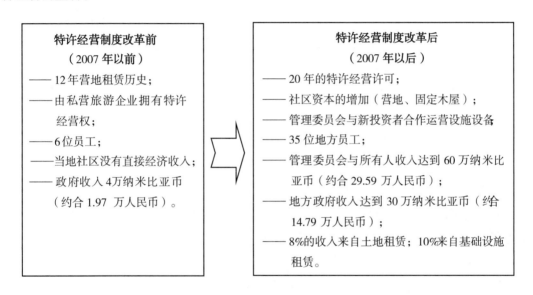

图 2-3　纳米比亚 Etendeka Mountain Camp 特许经营项目实施效果对比

资料来源：Anna Spenceley，《Public Private Partnership Policies and Processes：Namibia and South Africa》，摘自 2009 年卢旺达举办的公私合作伙伴关系旅游论坛（Tourism Forum on Public Private Partnerships）。

——德国特许经营项目。国家公园本身一般不建设住宿和餐饮设施，主要依靠周边城镇解决住宿问题。实行特许经营制度。特许经营仅用于提供餐饮、住宿和旅游纪念品，与遗产核心资源的消费性使用无关。

——澳大利亚特许经营项目。为了控制和杜绝国家公园的无序发展，澳大利亚禁止在国家公园内建设大型餐饮、住宿、娱乐等游客接待设施，采取颁布许可证赋予经营权限来控制游客承载量。

---

①　资料来源：http://concessions.nps.gov/。

——日本特许经营项目。由于日本国家公园所有权结构类型较多，特许经营方式的范围与类型也较多，观景台点、游客中心、餐饮、住宿、狩猎等项目均可通过特许经营方式向承租人核发执照，严格按照国家的相关标准执行。

②国外国家公园特许经营费用

加盟费是加盟者必须支付给政府的经营费用。许可费的征收和使用标准在国外一般是根据受让人从投资中可能获得的净利润、合同中的义务和向游客提供的服务价格来确定的。

美国的特许经营受让人须根据特许项目的价值以及净收益期刊支付给政府一定的特许费用（Franchise Fee）[①]，尽管特许经营收费是国家公园管理局的一项重要工作，但相对而言公园保护与维护、参观者体验的保障是更重要的工作。国家公园特许经营收费的80%用于公园更有效地运用，另外的20%用于国家公园管理局商业管理。

加拿大国家公园管理局（National Parks Service）为露营地和小屋设定了收费价格，以抵消成本，而其他露营地和小屋则由租客通过特许经营来经营。所有特许经营费用和其他货币补偿的20%必须存入一个专门的财政账户，用于整个国家公园系统的管理和规划；80%留在每个公园自己的账户上，用于支付公园保护和管理费用，为游客提供服务，并为高优先级和迫切需要的资源管理项目和运营提供资金。

③国外国家公园特许经营的主要方式

国外国家公园管理者都不直接参与经营活动，而是通过公开招标方式对提供与消耗性地利用核心资源无关的经营服务，如对餐饮、住宿及旅游纪念品开展招标，实行特许经营，并收取特许经营税。

美国国家公园管理局实施了一个重要的管理工具，即标准、评估、比率管理（Standars, Evaluation and Rate Administration）项目，通过对特许经营项目的总体评估、比率管理工具研究、环境影响评价与评估、危机与健康影响评估，确保国家公园特许经营更好实现优质服务、合理税率、有序维护和环境保护目标。特许经营权由美国公园管理局授予，投标人应提交申请建议书，投标人的申请建议书必须满足相关要求，如满足最低特许人费、项目投资由受让人全权负责、必须提供必要的保护措施和手段等。管理部门有权拒绝不符合国家公园保护和发展目标的提案。

对新西兰来说，新西兰国家公园全面履行特许经营制度，即公园的餐饮、住宿等旅游服务设施向社会公开招标，经济上与国家公园无关，不过新西兰国家公园的特许经营项目多且分散。

---

① 大概占净收益的5%，国家公园管理局根据特许经营项目的性质不同，制订了不同的特许费用及价格制定方法。资料来源 http://concessions.nps.gov/。

三、国家公园管理与运营的经验与启示

据相关研究，全球国家公园及保护地的管理有效性呈现持续增高趋势，"土地所有权""可持续资源利用""危机监控""相关信息的充分程度""社区和利益相关者参与程度"等方面都有较大改善（Fiona Leverington 等，2008）（见图 2-4），某些制度不健全的地区也不例外也有明显的改善（Naughton-Treves 等，2005）。

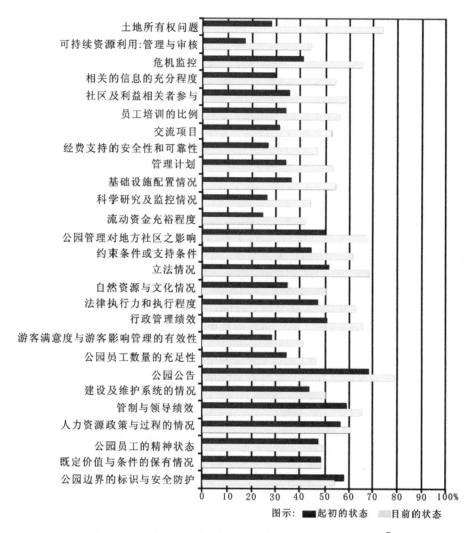

图 2-4　国家公园及相关保护地管理有效性的改善情况[①]

---

① 该图摘自 Fiona Leverington，Helena Pavese，Katia Lemos Costa（2007）；横坐标表示，某评价指标管理有效性提高的样本占总样本比例。

（一）管理体制的多样化

随着国家公园运动的深入，其管理结构也日益复杂，从最初的国家政府主导向管理主体多样化转变，出现了联合治理型、私人治理型和社区治理型等治理类型（详见本章第一节）。

（二）原住民利益的高关注

国际社会在20世纪90年代才开始关注国家公园原住民利益的保护。在此之前，人们普遍忽视土著文化、利益和尊严。在美国，国家公园管理局于1987年发布了土著事务政策。加拿大在20世纪90年代开始了土著项目。这些政策出台后，两国国家公园土著居民的状况逐渐改善（安兴，黄振芳，2006）。1992年，世界公园大会增加了土著保护的议题，引起了各国学术界和管理界的热烈讨论。2003年，世界公园大会再次呼吁地方社区在保护区管理中的重要性和利益共享。目前，原住民和社区利益已经成为国家公园管理的重要内容，而原住民参与公园保护已经成为判别国家公园管理和治理有效性的一个重要指标。

（三）立法网络的一致强化

立法体系的搭建是规制实施的基本保障之一，立法框架下问责制度的设计和公共参与制度安排也非常重要，它们直接影响着规制的结果。各国国家公园及相关保护地的立法情况、问责制度和公共参与制度安排具有以下特征：

其一，国家公园及相关保护地的法律保障层次普遍提高。国家公园的合法性首先要通过所在国的宪法和法律给予保障，近十年来，绝大多数国家制定了新的法律法规来强化国家公园及相关保护地的保护，其中大多是有关保护地网络建设、生物多样性保护、濒危物种保护等方面的法律法规（见表2-14）。

表2-14　部分国家的国家公园规制要素安排

国家名称	土地所有权	权威管理机构	主要依据法律（出台时间）
美国	联邦政府	内政部下的国家公园管理局	五层法律体系
加拿大	皇家所有	遗产部下的国家公园局	《国家公园法》（1930）、《遗产部法案》（1998）、《国家公园局法案》（1998）、《国家海洋保护区法案》（2002）等

续表2-14

国家名称	土地所有权	权威管理机构	主要依据法律（出台时间）
德国	州或地方	林业部、环境部门、农业部	各个公园依据不同
英国	多为私人所有	环境、食品和乡村事务部	《国家公园和乡野进入法》（1949）、《乡野法》（1968）、《野生动物及乡野法》（1981）、《环境法案》（1995）等
挪威	大部分国有	国有林指导委员会	《自然保护法》（1970）
希腊	—	农业部下的林务局、环境与自然规划和公共事务部及其环境委员会	《森林法》（1929）、《考古法》（1950）、《国家公园法》（1937，1971）、《狩猎法》等
南非	—	托管委员会（总统任命）	《国家公园法》（1926，1962）、《环境保护法》（1989）、《国家环境管理：保护地法案》（2003）等
津巴布韦	多种所有制	自然资源和旅游部下的国家公园及野生生物管理司	《狩猎法》《国家公园法》（1949，1964）、《公园和野生动物法》（1975）
肯尼亚	国家政府	旅游和野生动物部	—
澳大利亚	州（领地）政府为主	环境、水、遗产和艺术部下设澳大利亚公园局	《环境保护和生物多样性保护法》（1999）、《大堡礁海洋公园法》（1975）、《环境保护法》（1974）等
委内瑞拉	—	环境部下的自治研究所	有关森林、土壤、水的立法，以及领土计划基本法等
秘鲁	国家所有	农业部的林业和野生动物理事会	—
日本	各种所有制	环境厅	《国家公园法》（1930，1949）、《自然公园法》（1957）等
印度	中央政府	环境和森林部	《森林法》（1865，1927）、《野生动物法》（1972）等

（说明：加拿大的联邦和省公有土地统称为皇家土地；林务局主要负责国家公园、风景林地和自然保护区的管理工作；而环境与自然规划和公共事务部及其环境委员会则对保护工作全面负责，没有实体存在；1926年颁布第一部《国家公园法》，规定托管委员会由总督任命，1962年被新《国家公园法》取代，改由国家总统任命托管委员会；各州政府（领地）均设有主管部门，新南威尔士州为环境和气候变化部下的国家公园与野生生物局，昆士兰州为环境保护署下的公园与野生生物局，维多利亚州为可持续和环境部下的

维多利亚公园局；但也有地方政府通过与中央政府签署协议参与公园财政与管理的情况；《自然公园法》出台后，《国家公园法》失效。）

其一，发展中国家的表现尤其突出，有超过 80% 的发展中国家制定了新的法律法规（Fiona Leverington, Helena Pavese, Katia Lemos Costa, 2007）。然而，很多国家在保护地计划（或规划）上仍缺少法律依据，即使是有法律约束，也没达到立法和行政指令的层次，以致于产生了很多无法可依的公园规划（计划）。

其二，越来越多的国家在保护区治理方面启动了问责制。由于社区参与度的提高和利益相关者之间的沟通日益顺畅，国家公园、相关保护土地当局和国家政府的问责机制越来越健全。政府报告和部门年度报告已成为问责制的主要形式，部门年度报告的重要性也在增加。由于接受外部资金的保护区数量相对较多，发展中国家日益受到外部审计和其他问责制度的影响。

其三，立法的公众参与程度提高。在国家公园及相关保护地发展之初的立法过程中，基本没有启动公众参与机制，而且信息公示的方式也相对单一。近些年，意见调查普遍被纳入立法征询过程，公众会议、小组讨论、联合咨询委员会等机制启用，公众参与立法的形式趋于多样化。

（四）财政支持来源的多样化

众所周知，充足的财政保障是维护国家公园和相关保护区的基础。在 20 世纪 90 年代之前，许多国家的国家保护区一般都得到中央政府的全面支持，但在 20 世纪 90 年代之后，情况发生了变化，中央政府的财政支持开始减少。在大多数国家，国家公园和相关保护区的财政投资占保护区总投资的比例在过去十年中有所下降，财政支持的多样化趋势明显。多数国家通过收取进入费来缓解国家公园数量与面积增长给政府带来的财政压力，如加拿大①。就进入费的征收情况而言，发展中国家增长较快，因为发展中国家在政府投入和保护地预算之间的差距更大。

（五）制度选择工具的科学化

管理和治理是两个不同的概念。许多国家和国际组织形成了从"目标管理"和"有效治理"两个方面对保护区进行评估的共识。因此，保护区管理与治理的关系已成为人们关注的问题。世界自然保护联盟的一些专家提出，保护区的治理模式不受管理类型的限制，

---

① 20 世纪 90 年代加拿大国家公园推行改革，从 1994 年至 1999 年减少原有拨款的 25%，通过增收进入费等系列措施降低公园局成本、提高效率。

即使在严格的自然保护区也可以发生所有类型的治理。每个保护区都有适合自身情况的最佳管理类型和治理模式（Nigel Dudley，Grazia Borrini-Feyerabend，2006）。为此，专家们建立了"IUCN 保护区矩阵"（简称"IUCN 矩阵"），如表 2-15 所示。这个矩阵最初是由 2003 年在德班举行的第五届世界公园大会提出的。以管理和治理类型为纵横坐标，可用于判断适宜的保护区管理类型和治理模式，被视为"选择保护区管理类型和治理模式的工具"（简称 CGT[①]工具）。IUCN 矩阵已经成为全球各类保护地管理 – 治理模式选择的重要工具，在 IUCN、WCPA、UNEP、CBD 等国际组织广泛使用。

表 2-15　IUCN 的 CGT 工具

治理 管理 类型 类型	政府治理			联合治理		私人治理			社区治理型	
	联邦或国家政府部委主管	地方或省级机关部门主管	政府派出机构主管	跨边界管理	合作管理	个人土地所有者申报和运营	非营利组织申报和运营	营利组织申报和运营	原著民申报和运营	地方社区申报和运营
严格自然保护地										
原野保护地										
国家公园										
栖息地 / 物种管理区										
地 / 海景保护地										
资源管理保护地										

资料来源：《A Tool to Help Selecting the Appropriate IUCN Categories and Governance Types for Protected Areas》，www.iucn.org。

CGT 分析工具采取问卷调查的方式展开，问卷分为四列，第一列为"核心问题"，第二列为核心问题细化的"问题"，第三列为 X 选择列，第四列为 IUCN 保护地类别列。首先，在第一列（"核心问题"）下的第二列（"问题"）列出的特征中选择合适的选项（可多选），并在 X 列中用"X"标识；其次，观察已经选择 X 列答案在第四列（"IUCN 管理分类"或"IUCN 治理类型"）中各类保护地的对应分值（其中，"√ =1"表示与管理类型和治理类型非常相符；"— =0"指并非与管理和治理类型不相符；"×=-1"表示与管理和治理类型不十分相符；"☒"表示与管理和治理类型永远不相符）；在答完所有

---

① 亦即：Category and Governance Type。

问题后，计算每个类型有效的"√"和"×"的总值，并在"总分栏"标出。对于管制类型，也同样如此操作，据此可以得到国家公园最适宜的管理和治理类型。

虽然管理类型和治理模式的选择很少可以用简单的"是"或"不是"来回答，但至少可以弄清楚哪种选择更恰当（Nigel Dudley，Grazia Borrini-Feyerabend，2006），"CGT工具"就为决策者确定合适的保护地管理分类和治理类型提供了指导。通过自然特性、连续性、生物多样性、旅游业、环境服务等选项指标保护地的管理类型（见表2-16）。

表 2-16 IUCN 保护地管理分类的 CGT 分析框架

核心问题	问　题	X	IUCN 管理分类						
			Ⅰa	Ⅰb	Ⅱ	Ⅲ	Ⅳ	Ⅴ	Ⅵ
自然特性	整个区域至少处于一种自然状态		√	—	√	√	—	⊠	×
	多数区域至少处于一种自然状态		—	—	√	√	—	×	√
	少于 50% 的区域至少处于一种自然状态		×	—	—	—	—	—	—
	人地长期相互作用形成的区域		×	—	—	—	—	√	—
	需要维持生物多样性的区域		⊠	—	—	—	√	—	—
尺度	面积足够维持生态系统		√	—	√	—	—	—	—
	面积不足以维持生态系统		—	—	⊠	—	—	—	—
	以保护特定特征为目的而设置的区域		—	—	—	√	—	—	—
连接性	与其他保护地或类似栖息地有联系		—	—	√	—	—	—	—
	与其他保护地或类似栖息地无联系		—	—	⊠	—	—	—	—
生物多样性	很多物种需要一定的自然条件		√	—	√	—	—	⊠	—
	多数物种能生存在人类活动改变的区域		—	—	—	—	√	√	—
	关键物种需要积极的管理干预才能生存		⊠	—	—	—	√	—	—
	有些野生物种时常被过度利用		⊠	—	—	—	—	√	√
恢复	生态系统能够自我恢复		—	—	—	—	—	√	√
	生态系统很难恢复到原始状态		√	—	√	—	—	—	—
环境服务	提供环境服务（水、土壤等）		—	—	—	—	—	—	—
	不提供环境服务		—	—	—	—	—	—	—

续表 2-16

核心问题	问　题	X	IUCN 管理分类						
			Ⅰa	Ⅰb	Ⅱ	Ⅲ	Ⅳ	Ⅴ	Ⅵ
社会价值（生存、经济等）	很少的经济价值		√	—	√	—	—	×	×
	有非抽取性的经济社会价值（如旅游业）的区域		—	—	√	√	—	—	—
	提供抽取性可更新资源的区域		☒	—	×	—	—	√	√
	提供抽取性矿产资源的区域		☒	—	×	×	—	—	—
传统居住	有传统聚落 / 迁移路线的区域		×	—	×	×	—	√	√
	无其他传统聚落 / 迁移路线的区域		√	—	√	√	—	—	—
使用者需求与预期	使用者期望进行资源开发		×	—	—	—	—	√	√
	使用者不期望进行资源开发		√	—	—	—	—	×	☒
旅游业	旅游者期望使用该区域		☒	—	√	—	—	√	—
	很少有旅游者期望使用该区域		√	—	—	—	—	—	—
宗教和文化价值	有宗教或文化价值，但很少有游客的区域		√						
	有宗教或文化价值，但经常有游客的区域		×	—	—	√	—	—	—
	没有宗教或文化价值的区域		—						
人地交互作用	历史上存在			—	—	√	—	√	—
	历史上不存在		√	—	√	—	—	×	×
	大多不利于实现人类预期的生物多样性		√	—	√	√	—	☒	×
	对人类预期的生物多样性有复杂的结果		—						
	大多有利于实现与人类预期的生物多样性		—	—	—	—	—	√	√
	非常有利于实现与人类预期的生物多样性		×	—	×	×	√	√	√
总　　分									

资料来源：《A Tool to Help Selecting the Appropriate IUCN Categories and Governance Types for Protected Areas》，www.iucn.org。

就管理目标而言，国家公园属于 IUCN 保护地体系中的第Ⅱ类，而每一个国家公园管理目标的实现很大程度上仰赖于国家公园自身的治理类型。总体而言，国家公园主要以政府治理为主，但近年来，合作治理和社区治理的国家公园也发展迅速，私人治理的国家公园也有少数。对于具体的国家公园而言，治理模式的实际选择主要受九个因素的影响（见表 2-17）。

表 2-17 IUCN 保护地治理类型的 CGT 分析框架

核心问题	问 题	X	IUCN 治理类型			
			A	B	C	D
土地所有制、历史、权利与公平	相关资源与土地为国家所有		√	√	☒	—
	国家所有制长时间存在（时间超过 100 年）		√	√	☒	×
	国家所有制曾经非常强大，但却受到相当数量人口的挑战		×	√	—	—
	资源与土地为私人所有		×	√	√	—
	私人所有制存在较长时间（时间超过 100 年）		×	—		
	私人所有制曾经非常强大，并受到挑战		×	√	—	—
	资源与土地所有制为社区法定或约定俗成（多数情况下未被政府认识到）		×	√	×	√
	所有相关者理性上赞同保护地的设置与管理问题		—	—	—	—
	保护地设置和/或某些涉及利益相关者的管理问题上存在较大争议和冲突		×	√	×	×
	某些利益相关者从保护地中获益，另一些则宣称利益受到了损失		×	√	×	×
	相关资源与土地置于一定的约定俗成的功能性管理体系下		×	—	×	√
人地交互作用	长期存在		—	√	√	
	长期不存在		√	√		×
	大多不利于实现人类预期的生物多样性保护		√	√		×
	对人类预期的生物多样性保护有复杂的结果		—	—	—	—
	大多有利于实现人类预期的生物多样性保护		—	√		√
	非常有利于实现与人类预期的生物多样性保护		×	√		√
环境服务	为特定社区提供环境服务（水、土壤等）		—	√		√
	不提供环境服务		√	—	√	—

续表 2-17

核心问题	问　题	X	IUCN 治理类型			
			A	B	C	D
社会价值（生存、经济）	以地方社区的经济发展和生计为基础的区域		—	√	×	√
	为地方社区创造抽取性社会经济价值		—	√	—	√
	为地方社区创造非抽取性社会经济价值（如旅游收入）		—	√	—	√
	为地方社区很少或不能创造社会经济价值		√	—	√	—
传统居住	有传统聚落 / 迁移路线的区域		—	√	×	√
	无其他传统聚落 / 迁移路线的区域		√	—	√	—
宗教文化价值	有宗教或文化价值，但很少有游客参观或评价的区域		√	√	—	√
	有宗教或文化价值，并经常有游客的区域		—	√	×	√
	没有宗教或文化价值的区域		√	—	√	—
文化认同	对国家（国家遗产）的文化认同非常关键的区域		√	√	—	—
	对一个或多个原住民（原住民遗产）的文化认同非常关键的区域		×	—	×	√
	对于一个或多个地方社区（社区遗产）的文化认同非常关键的区域		×	—	×	√
	对一个或多个家庭（家庭遗产）的文化认同非常关键的区域		—	—	√	—
景观完整性	地景 / 海景（未出现与周边土地利用方式不相容）完整性较高的区域		—	—	—	—
	地景 / 海景（出现与周边土地利用方式不相容）完整性差的区域		—	√	—	—
	自成体系的区域（如岛屿）					
对管理的兴趣	利益相关群体间存在强烈的参与管理的兴趣		—	√	×	√
	只有少数利益相关者有参与管理兴趣		√	×	√	
	利益相关群体对参与管理的兴趣较低		√	×	√	×
总　分						

资料来源：《A Tool to Help Selecting the Appropriate IUCN Categories and Governance Types for Protected Areas》，www.iucn.org。

第三章　云南省国家公园的建设与管理

一、云南省国家公园的建设理念

早在 1996 年，云南省政府就开始探索国家公园的建设。2006 年，中国大陆第一个国家公园——普达措国家公园在云南香格里拉成立，标志着中国国家公园建设的开始。2007年，云南省明确提出建立"云南国家公园体制"。2008 年 6 月，国家林业局批准在云南省自然保护区试点建设国家公园。同年 9 月，云南省政府批准设立国家公园管理局办公室。2014 年，十八届三中全会作出"建立国家公园体制"的决定之后，"国家公园"成为热点议题，环保、林业、住建等多个部门，云南、贵州、浙江等多地政府争建国家公园，申报开展试点。随后中央政府的其他部委局也开始关注并参与推动国家公园建设。

目前云南省已建设有迪庆普达措和梅里雪山、丽江老君山、西双版纳热带雨林、普洱太阳河、保山高黎贡山、临沧南滚河、红河大围山等 8 个国家公园。国家公园建设填补了我国大陆地区保护地体系空白，创新了生物多样性保护管理体制，全面提升了生态保护、科研教育、旅游观光和社区发展功能，实现了生态效益、社会效益、经济效益协调发展。

（一）国家公园内涵的本土化

随着我国发展理念的转变和科学发展观的建立，人们对自然生态的保护提出了更多、更新、更高的要求。在自然资源有效保护的基础上合理利用，化解原有保护地管理模式存在的弊端，探索和建立促进自然生态保护与经济社会发展良性互动的新型保护模式，成为各级政府认真思考和社会各界广泛关注的热点话题。

2005 年，云南省政府研究室组织开展了《滇西北地区国家公园建设方案》的课题研究，在 IUCN 对国家公园定义的基础上，结合中国国情和云南实际提出了对国家公园定义的重要解释：国家公园是一个由政府主导并具有灵活性，对重要自然区域进行可持续发展和保护，世界各地广泛采用的有效管理体制；是一个能以较小面积为公众提供欣赏自然和历史文化，具有较好经济效益，能繁荣地方经济，促进科学研究和国民环境教育，并使大面积自然环境和生物多样性得到有效保护，达到人与自然和谐共存的地方。该解释强调了国家公园以政府主导建设管理的性质，突出了对自然生态资源以保护为主、合理利用的特点。

2009年，云南省林业厅和省政府研究室在完成了《云南省国家公园发展战略研究》的基础上，根据对云南省国家公园建设试点工作的进一步认识，提出了具有本土特色的国家公园的定义："国家公园是由政府划定和管理的保护地，以保护和展示具有国家或国际重要意义的自然资源和人文资源及其景观为目的，兼有科研、教育、游憩和社区发展等功能。"该定义将国家公园认定为特定区域，突出了国家公园作为保护区的性质，强调国家公园的管理目标是实现资源的有效保护和合理利用，提出了国家公园应综合发挥保护、科研、教育、游憩和社区发展五大功能。这一定义既符合IUCN提出的国家公园管理目标，又充分概括了中国特色国家公园应发挥的多样化功能：一是对特殊的自然环境、自然资源、文化资源、景观、生物及文化多样性进行持续有效保护；二是作为自然和人文等学科研究的重要基地；三是作为公众环境教育、爱国主义教育以及科普教育的良好场所；四是为公众提供娱乐游览机会，满足人们身心健康需求；五是带动公园内和周边社区经济、社会、文化和环境的协调发展。

（二）国家公园管理工作综合体现五大功能

国家公园是社会主义生态文明建设的具体行动。云南国家公园试点目标是"建设一批高起点、高标准、资源保护、公众游憩、环境教育、科学研究相结合、有效带动区域经济发展的国家公园"。国家公园的管理是围绕国家公园保护、科学研究、教育、游憩和社区发展五大功能进行的。

——保护。国家公园加强了保护站（点）的建设、建立了巡护制度、定期开展巡护工作、完善了防火体系。在建设过程中，注重对自然资源的保护，建设项目没有影响和破坏自然资源，使自然资源保持完整和稳定，并能大力推进人工辅助自然恢复，控制外来物种。通过国家公园建设，各国家公园生境明显改善，地表水、空气等环境质量能保持在较高水平。

——科研。国家公园建立了监测系统，并与科研机构合作开展研究。在西双版纳设立了生态监测站，丽江老君山设立了气象观测站，可开展长期监测工作。普达措国家公园建有生态定位监测站、气象观测站、水文和水质监测。所有国家公园都建立了地理信息系统，绘制了生态地图。西双版纳国家公园科研力量雄厚，能够独立开展科研活动，将科研成果应用于国家公园的保护和管理。利用 GIS 系统定期收集、处理和分析数据信息，并按照监测计划开展监测活动。

——教育。国家公园通过建立自然科学博物馆和教育中心，制作科普讲解标识，编印科普讲解手册和生态教材，组织专业讲解团队，制作网站和视频资料，开展面向中小学生和游客的教育活动，为国家公园周边居民、从业人员和游客提供教育机会。并对公园的导游和操作员进行教育和培训。

——游憩。国家公园为游客提供观光、露营、攀岩和其他旅游活动。设立和配备了旅游管理站，设置了游客指示牌，制定了旅游活动管理条例。西双版纳、普洱、丽江老君山国家公园享有国家公园经营管理的特权。西双版纳国家公园根据监测和研究结果，建立了"黄金周"期间游客数量控制机制。

——社区发展。大多数国家公园都设有社区文化、教育和科技推广设施，开展社区推广工作。每年至少举办 2 次社区培训，根据国家公园的发展特点设置社区发展示范点，不定期召开社区代表和利益相关方会议，进行信息交流。各个国家公园注重社区参与，大部分工作岗位提供给周边社区，极大地缓解了国家公园资源保护与社区之间的矛盾和冲突。此外，还可以将一定比例的营业收入返还给社区，使广大社区居民受益。

（三）国家公园建设有力支撑了云南省生态文明建设

1. 建设国家公园对实现云南省又好又快发展意义重大

建设国家公园能够有效保护生物物种、地质地貌和民族文化的多样性，增强全民族的生态保护意识，推进环境友好型社会的建设，实现人与自然和谐相处，是云南全面贯彻落实科学发展观的具体表现，采用国家公园模式建立良好的生态保护屏障，向世人表明云南高度重视生态环境保护的态度，可以树立并提升云南省良好的环保形象。建设国家公园一方面可以通过发展生态旅游使资源得到可持续开发利用，让社区从中受益，地方经济得到发展。另一方面可以使自然资源得到科学有效的保护，缓解资源保护与开发利用的矛盾。依托国家公园的品牌效应和展示功能，加快打造精品旅游产品，可促进云南旅游业的转型升级，推动云南旅游产业实现跨越式发展。国家公园对多样性、典型性、代表性的民族文化进行保护，实现民族文化的延续和传承，有利于民族文化大省战略的实施。

2. 建设国家公园有助于化解云南省自然保护面临的困境

云南是我国生态环境最好的省份之一，是中国最重要的生物资源宝库和生态环境保护的重点地区之一。截至 2021 年，云南省已划定自然保护区 166 个，总面积 54958 平方千米，占全省土地面积的 14.32%。初步形成了类型多样、功能齐全的自然保护区体系，全省 90% 的重要生态系统、85% 的重点保护野生动植物和最重要的自然遗产地得到有效保护。为加强西南地区生态安全屏障、维护国家生物生态安全作出了重要贡献。

但是，当前云南省自然生态系统保护主要采取建立自然保护区、森林公园、风景名胜区、地质公园、湿地公园等方式开展保护。此模式存在以下特点：

——从生态保护与资源开发的良性互动来看，风景名胜区、森林公园、地质公园等，强调的是游览，对生态的保护相对较弱，而且强调对单一资源的保护，不符合生态系统整体性特征的要求。而大部分的自然保护区正处于从抢救性保护向规范、科学管理的过渡阶段，基于历史原因，在宣传教育和一些保护措施上过于强调生态保护，一定程度上限制了资源的开发利用，制约了经济社会的发展，致使自然保护区所在地保护与开发矛盾日益突出。

——从管理模式上看，虽然生态环境保护有明确的管理部门，但实行的是条块分割的管理体制。导致在同一地域上，不同资源分别由不同部门管理，而对于同一资源，根据其等级，又由不同层级政府的交叉管理，从而出现管理重叠交叉、机构设置混乱、权责不清、忽视社区发展和群众利益、大面积封闭保护等弊端，使得自然生态环境保护难以达到预期效果。

——从国家层面来说，国家公园作为一种新的保护地模式，是对中国保护地系统的补充，可以作为中国履行国际义务的具体行动之一。从地方层面来说，国家公园建设工作在云南省的推进，在寻找保护与利用的平衡点之间做出了有益的尝试，是云南省对于保护地体系的一种完善。

二、云南省国家公园建立与规划

自 1996 年起，云南省开始探索、研究和试验以国家公园建设为基础的新型保护区模式。2008 年 6 月，国家林业局批准云南省为中国大陆国家公园建设试点省份。2009 年，按照国家林业局的要求，为做好国家公园建设试点工作，规范指导全省国家公园建设管理，云南省国家公园管理局办公室组织编制了《云南省国家公园发展规划纲要（2009—2020 年）》，明确要形成有云南特色、高水平，并与国际接轨的云南国家公园体系。并要求将国家公园建设成为保护生物多样性、森林景观、湿地景观资源和民族文化资源的典范，建设成为向公众提供休闲观光和体验自然的最佳场所。实现对具有国家代表性的生物、地理和人文资源及景观的科学保护和开发。

（一）云南省建设国家公园的重要意义

1.建设国家公园是全面贯彻落实科学发展观的具体行动

建设国家公园，有利于满足人们日益增长的生态文化精神需要，有利于推动区域经济社会的全面、协调和可持续发展，实现保护与资源利用的和谐统一，与科学发展观的内涵相吻合。

2.建设国家公园是树立生态保护形象的重要举措

建设国家公园，是维护国家生态安全，履行国家职责和国际义务的具体行动，通过科学、规范的方式，保护好云南省极为丰富多样、珍贵且脆弱的生物、地理和文化景观资源，同时促进和带动经济社会的协调发展，在保护中发展，在发展中保护，是提升云南省生态保护形象，争取国内外支持的重要举措。

3.建设国家公园是促进自然人文及其景观资源有效保护和展示利用的最佳选择

云南是自然人文及其景观资源大省，在全国乃至全世界都享有盛誉，在保护的前提下合理开发，将资源优势转化为经济和社会效益，是当前我国经济社会发展的必然要求，而国家公园是世界公认的，解决这一问题的理想选择之一。

4.建设国家公园是正确处理资源保护和合理利用关系，促进经济社会可持续发展的有效途径

良好的生态环境和充足的自然资源是经济增长的基础和条件。2015年1月和2020年1月，习近平总书记两次赴云南考察调研，要求"云南在建设我国民族团结进步示范区、生态文明建设排头兵、面向南亚东南亚辐射中心上不断取得新进展，为云南发展擘画蓝图、指引方向"。国家公园始终坚持以资源保护为前提，适度兼顾旅游开发，是资源保护与经济发展实现双赢的有效模式，能够产生较大的经济效益，促进相关产业的发展，增加社区群众收入，带动周边社区发展，缓解资源保护与当地社区发展矛盾，带动地方经济社会发展。

5.建设国家公园是提高公众保护意识、加快生态文明建设的重要手段

随着经济社会的发展、人民群众生活水平的提高和生态文明建设的推进，人们回归自然，体验、认识、欣赏和享受自然与文化资源的积极性空前高涨。建设国家公园，有利于展示保护成效，通过开展宣教、科研等活动，为公众提供讲解、说明、咨询等公益性服务，满足人们的生态文化精神需要，提高公众的保护意识，陶冶情操，实现人与自然的和谐发展。

6.建设国家公园是对我国现有保护体系的重要创新和完善

我国现有的保护地或强调严格保护，或注重旅游开发，很容易使保护与发展严重对

立而激发矛盾，而国家公园的建立，以公益性为基础，以科技为支撑，以高效的管理为保障，在完善已有资源保护管理的基础上协调处理好保护与发展的关系，为保护地提供更多的发展机遇，以经济收益反哺保护，同时也可为其他保护地提供更好的保护措施，以保护促进开发。国家公园系统的建立和逐步完善将会增加中国保护地的面积和类型，是现有保护体系的重要创新和完善。

7.建设国家公园是推动云南旅游"二次创业"和跨越式发展的必然要求

云南省旅游业快速发展，已成为重要的支柱产业，同时也面临着不进则退的巨大压力。依托国家公园，开展生态旅游，可以丰富云南省旅游内涵，拓展旅游方式，打造良好的生态旅游品牌，实现旅游资源的科学、合理、可持续利用，有利于促进云南省旅游的提质增效，也有利于挖掘和保护少数民族优秀传统文化，推进民族文化强省建设，实现云南省旅游业跨越式发展。

（二）云南省国家公园建设体系规划

依据国家公园申报的条件和程序要求，筛选全省范围内具有独特吸引力的、能够代表和反映中国国家特色，且能满足国家教育和公众游憩需求的自然和文化资源，具备游憩开发条件，符合建立国家公园条件的地点，建立布局合理、重点突出、功能齐全、能充分保护和展示云南省独特自然和人文资源和景观的国家公园体系。

1.国家公园遴选标准

（1）资源的国家代表性

国家公园必须拥有具有国家或国际意义的核心资源。候选地点必须符合以下四个标准之一，才能被视为具有全国代表性：一是具有全球或全国同类自然景观或生物地理区域的典型代表性；二是具有高度原创性的完整生态系统，是该国生物多样性最高的生态系统之一，或某一特定物种的集中地；三是具有全球或全国意义的地貌景观，代表地质演化过程的地质构造，或具有重要且保存完好的古生物遗迹的地区；四是具有全球或全国重要历史意义的地区，或具有鲜明生态文明特色的地区，能很好地体现人与自然环境和谐共处发展，具有显著的生态文明资源科研和教育价值。

（2）建设的适宜性

纳入到国家公园体系中的区域必须具备建设的适宜性，包括面积适宜性、游憩适宜性、资源管理和开发的适宜性、游憩开发的适宜性、范围适宜性和类型适宜性（即异质性）。

（3）建设可行性

拟创建国家公园的区域还必须是可行的，包括确立国家公园是实现其管理目标的适当管理模式，并确保国家公园申报时的核心资源在成为国家公园后得到充分保护或增强；资源的归属应当明确，不存在归属纠纷。国有土地和林地面积应占国家公园总面积的60%以上。拟建国家公园周边地区应具备良好、稳定、安全的旅游市场和环境，交通、通信、能源等基础设施条件应满足国家公园建设、管理和运营的需要；拟建的国家公园应当与区域社会、经济、文化发展规划相协调，能够妥善解决与其他产业布局和国家重大基础设施建设的矛盾；地方政府支持建立国家公园等因素。

2.布局方法

国家公园的布局以资源为先决条件，首先是以全国生物地理区划为基础，综合云南省的综合自然区划系统，并结合行政区划把云南区划为7个"分区"。在收集、分析各个"分区"的生物、地理、历史和文化资源，并进行分析评价的基础上，筛选各个"分区"具有国家代表性资源的区域，并对拟选区域进行国家公园建设的适宜性和可行性分析，确定国家公园的建设布局。

根据中国的国家生物地理区划（Yan Xie and J. Mackinon，2004）及在此基础上完成的云南省的生物地理区划（杨宇明等，2008），云南省地跨古北界和印度—马来亚界，涉及4个生物地理区，6个生物地理单元，10个生物地理区域。在全国的区划系统中，云南省地跨东部季风区和青藏高原区二个大自然区（黄秉维，1959）。在全国区划的基础上，云南省可进一步划分为5个自然地带（生物气候带和景观地带），8个自然地区（杨一光，1990）。在全面综合分析云南省生物地理区划和综合自然区划的异同基础上，结合行政区划，把全省划分为7个"分区"：

Ⅰ滇西北高山高原地区；

Ⅱ滇西横断山脉地区；

Ⅲ滇东北中山地区；

Ⅳ滇中高原地区；

Ⅴ滇西南中山山原地区；

Ⅵ滇东南岩溶地区；

Ⅷ滇南、滇西南低山河谷地区。

（三）云南省国家公园的布局

在分区的基础上，目前云南省已建设或批准建设13个国家公园，选择普达措、梅里雪山、丽江老君山、西双版纳、大山包和大围山作为国家公园6个试点先行建设。待条件成熟，再将建设经验推广至其他国家公园，最终形成全省国家公园体系。云南省各"分区"的特点及国家公园规划布局如下：

1. 滇西北高山高原地区（Ⅰ）

包括迪庆州全境，是青藏高原的东南边缘部分，属寒温高原地带在云南的部分，是省内纬度最北、地势最高耸的部分。强烈的新构造运动对地形影响明显，形成了该区域的高山峡谷地貌，及其丰富而独特的景观和生物多样性资源。

（1）具有国家代表性的资源

中国最原始的高山和亚高山寒温性针叶林生态系统。其典型高山峡谷地貌形成了该区完整的植被垂直带谱，从河谷到山顶，呈现由热带向北寒带过渡的植物分布，其气候和植被垂直带谱的完整性国内罕见。

亚洲生物多样性分化最复杂和特有类群最多的地区，区内分布有众多的特有动植物科属和地方特有种。如滇金丝猴种群数量约为 1300 只，约占我国现有滇金丝猴总数的四分之三；中甸叶须鱼只分布于碧塔海湖内。

独特险峻的雪山冰川、神山圣地、复杂的地质地貌构成了具有震撼力、最具神秘色彩和吸引力的自然景观，而区内的最高峰——卡瓦格博峰，被称为"雪山之神"，在国内外享有极高知名度，早在 20 世纪 30 年代就被美国学者洛克誉为是"世界最美之山"。

独具特色的藏民族生产生活习俗和藏式建筑表现出传统藏文化的丰富内涵。同时该区也是纳西东巴文化的发祥地。

（2）建设国家公园的适宜性分析

该区域山河壮美、生物多样性富集、民族文化丰富而独特，加之人口密度较低，资源保存较好，适宜开展国家公园建设。同时，该区是国内外知名的旅游区，具有良好的旅游市场和发展前景。通过近年来的建设，区域经济和基础设施均有较大改善，基本能够满足国家公园的建设需要。

（3）国家公园建设情况

该区域建立 3 个国家公园。普达措国家公园和梅里雪山国家公园已成为建设试点，拟将白马雪山国家级自然保护区滇金丝猴及其较为完整的栖息地景观为依托，建设白马雪山国家公园。

2. 滇西横断山脉地区（Ⅱ）

包括丽江市、怒江傈僳族自治州（下文简称怒江州）全境，大理白族自治州（下文简称大理州）的剑川县、鹤庆县、漾濞县、洱源县、云龙县、永平县、巍山县和大理市，保山市的腾冲县和隆阳区。横断山系从青藏高原东南部进入本地区，保持着高山与峡谷相间并列南下的地貌格局。

（1）具有国家代表性的资源

天然植被发育良好，生物气候和植被垂直带丰富完整，是我国常绿阔叶林保存最完整、最原始的地区之一，同时还保存有典型的温性、寒温性针叶林森林生态系统。

类型丰富、结构和功能完整的森林生态系统为动植物提供了多样化的生境。动植物种类众多，分布呈现南北交错与垂直变化的特征，特有物种多，而且是古老、珍稀濒危保护动植物的集萃地，是青藏高原和东南半岛的南北生物走廊，是亚热带、温带寒温带野生动植物种质基因库，著名被子植物模式标本产地，该区还是杜鹃、报春、龙胆分布与分化中心，为中国二大特有属分布中心之一。自然景观丰富独特，原始森林与高山冰川近在咫尺。高山冰蚀湖群、丹霞地貌、火山群景观分布面积之大，在云南首屈一指，在全国也罕见。

处于青藏高原和横断山脉的过渡地带的独龙江，为著名的新物种分化中心，是中国新特有种分布中心之一，同时，还是独龙族的聚居地，保存有独特民族文化。

从南到北环境差异较大，民族风情各异，是民族文化的荟萃之地。区内聚居有纳西族、白族、傈僳族等多个少数民族，是世界上罕见的多民族、多语言、多文字、多种宗教信仰、多种生产生活方式和多种风俗习惯并存的汇聚区，具有极高的人文科研价值和人文保存价值。

考古证明四千年前这一区域有人烟稠密的原始人群生活，而至今遗迹犹存的古城和保存完整的南方丝绸之路更说明了这一区域古代文明的辉煌。此外还保存着古战场、滇西抗日主战场，烽火台、战坑、碉堡等各种古今战争遗迹。

（2）建设国家公园的适宜性分析

该区是国内外知名的旅游目的地之一，大部分地区基础设施和旅游服务设施较为完善，具备国家公园建设的条件。

（3）国家公园建设规划

该区域建立3个国家公园。丽江老君山国家公园已逐步开展试点建设，在取得一定经验后，依托常绿阔叶林生态系统、动植物种质资源基因库、新物种分化中心和独特的民族文化、历史遗迹建设高黎贡山国家公园和怒江大峡谷国家公园。

3.滇东北中山地区（Ⅲ）

包括昭通市除巧家外所有县（市、区），该区地处云南省东北角，是四川盆地南缘山地、贵州西南高原的连接部分，总的地势为从西南向东北倾斜。

（1）具有国家代表性的资源

罕见的由珍稀孑遗树种为优势组成的珙桐林、水青树林、十齿花林、扇叶槭林等珍贵的森林群落。

云贵高原湿地的代表类型——高山沼泽化草甸湿地生态系统。

以藏酋猴、小熊猫、红腹锦鸡、大鲵、红瘰疣螈、天麻、珙桐、水青树、南方红豆花、福建柏、连香树、筇竹和桫椤等为代表的国家重点保护的珍稀濒危动植物物种资源及其栖息地。

天麻原生地和我国唯一天然分布毛竹林群落及野生毛竹遗传种质资源。

历史文化底蕴深厚，荆楚文化、巴蜀文化、滇文化、夜郎文化大融合产生的独特的"朱提文化"，在中国人文历史上光彩亮丽；而"南方丝绸之路""五尺道"，更是积淀了云南与中原沟通，以及南亚、东南亚与中国沟通的悠久而厚重的文化底蕴，是中国远古的辉煌以及中国与世界交流的历史见证。

（2）建设国家公园的适宜性分析

该区地势差异较大，地貌组合复杂，森林类型与组合特点与全省分布格局不同。近年来，该区域的交通条件得到了极大的改善，已逐渐成为旅游热点区域，具有良好的旅游市场和发展潜力。具备国家公园建设条件。

（3）国家公园建设规划

在该区域建立大山包国家公园，并已开展试点建设。

4.滇中高原地区（Ⅳ）

包括昆明市、楚雄彝族自治州全部县（市、区），玉溪市除元江外的县（市、区），大理州的宾川县、祥云县、弥渡县和南涧县，曲靖市的会泽县、宣威市、沾益区、马龙区、陆良县、富源县和麒麟区。该区地处康滇古陆，以起伏不大的高原地貌为主，由于开发较早，是云南主要的农业区。

（1）具有国家代表性的资源

以急尖长苞冷杉为优势的寒温性针叶林仅分布于中国大陆的西藏、云南和四川，在云南仅滇西北有少量分布，该区是长苞冷杉林地理分布的最南端，且保存有大面积的原始森林，具有较高的研究价值。

有众多各具特色的高原湖泊，人文资源和古生物遗迹也非常丰富。

以昆明为中心的滇中高原，是自然景观与人文景观荟萃之地，悠久的历史，众多的民族，独特的自然条件，留下了极其丰富的文物古迹和风景名胜，是具有世界意义的国家级旅游区。

（2）建设国家公园的适宜性分析

该区地域广阔，自然、人文景观独特丰富。同时，该区是云南省社会、经济最发达的区域，距中心城市较近，区位优势突出，交通、通信等基础设施及旅游服务设施完善，具备良好的国家公园建设条件。

（3）国家公园建设规划

在滇中的乌蒙山系建立哀牢山国家公园。

5. 滇西南中山山原地区（Ⅴ）

包括临沧市全部县（市、区），保山市施甸县、龙陵县和昌宁县，普洱市的景东县、景谷县、镇沅县、宁洱县、墨江县、思茅区及澜沧县大部，玉溪市的元江县以及红河哈尼族彝族自治州（下文简称红河州）红河县、元阳县。该区域受西部型季风控制，北方来的冷空气的影响已很少波及，整个地区气温、水分条件都较为优越。

（1）具有国家代表性的资源

分布着中国保存面积最大、最完整的季风常绿阔叶林为标志的南亚热带森林，及以印度野牛、亚洲象、犀鸟、原鸡、兰花、藤枣为代表的，具有国家级价值的独特、珍稀的南亚热带珍稀濒危野生动植物资源。

区内海拔悬殊较大，山地垂直带也较为发达，本区内无量山、哀牢山、永德大雪山、耿马大青山等保存完整的中山湿性常绿阔叶林是云南山地垂直带上重要的具有区域性、特征性的植被类型，目前仍保持着原始状态，在我国西南部南亚热带的常绿阔叶林中具有明显的典型性和极高的保护价值。另外，本区域还是黑冠长臂猿（滇西亚种）的中心分布区。

该区是中国佤文化的荟萃之地，神奇美丽的佤山，有中国八大古崖画之一、距今3500多年的沧源岩画，有云南民族地区集建筑、雕刻、绘画于一体的南传佛教代表建筑之一广允缅寺，是一个相对完整的佤族原始社会村落，直接从奴隶社会跨越到现代文明。佤族民间有丰富的文学艺术和独特的饮食文化。其中，木鼓舞、摇发舞享誉国内外，集中展现了中国佤族文化的内涵。

（2）建设国家公园的适宜性分析

近年来，该区域的交通条件得到了极大的改善，已逐渐成为旅游热点区域，具有良好的旅游市场和发展潜力。具备国家公园建设条件。

（3）国家公园建设规划

在该区域建立2个国家公园。依托具有国家级价值的独特、珍稀的南亚热带珍稀濒危野生动植物资源建设普洱国家公园；依托中山湿性常绿阔叶林生态系统和独特的动植物资源、民族文化建设南滚河国家公园。

6. 滇东南岩溶地区（Ⅵ）

包括文山壮族苗族自治州所有县，曲靖市的师宗县和罗平县，红河州的泸西县、弥勒市、石屏县、建水县、开远市、个旧市、蒙自市、屏边县和河口县。该地区内从泥盆纪到三叠纪的沉积岩分布很广，其中不同时期的石灰岩广泛出露，形成岩溶地貌发达的高原和山原。

（1）具有国家代表性的资源

世界上喀斯特地貌发育最典型的地区之一。区内拥有中国最美的五大峰林之一，以及岩溶景观，景观丰富而独特，具有极高的美学价值。

海拔 500 米以下的湿热河谷中尚保存有较典型的湿润雨林，其种类组成和群落生态结构与东南亚的潮湿多雨地区发育的雨林最为相似，为湿润雨林沿河谷向北分布的边缘条件下的类型。

滇东南，特别是中越边境地区，既是中国滇黔桂及北部湾特有中心的重要部分，也是云南两大生物多样性富集区之一，生物资源极其丰富，仅野生种子植物就约有 7000 余种，是备受关注的生物多样性关键地区，也是中国生物多样性优先保护的热点地区之一。

该区地处东亚、东南亚季风交汇、变化部位，东西南北生物种类在区域内相互交错，加上石灰岩山地的特有化发育，展示出生物种类极为丰富、特有化程度很高的特征，该区是我国三个特有类群的分布中心之一。

（2）建设国家公园的可行性分析

近年来，该区域的交通条件得到了极大的改善，已逐渐成为旅游热点区域，具有良好的旅游市场和发展潜力。具备国家公园建设条件。

（3）国家公园建设规划

依托该区域丰富并极具特色的生物多样性资源和丰富多彩的民族文化资源，建立大围山国家公园，并已开展试点建设。

7. 滇南、滇西南低山河谷地区（Ⅶ）

包括西双版纳傣族自治州（下文简称西双版纳州）、德宏傣族景颇族自治州所有县（市），普洱市的西盟县、江城县、孟连县和澜沧县西南部，红河州的绿春县和金平县。该地区属横断山系南部帚状山脉峡谷中山地貌区，低、中山山原和盆地宽谷相间分布。

（1）具有国家代表性的资源

中国大陆最典型的热带生物地理区域，是我国唯一的东南亚热带生物区系和印缅生物区系与我国华南和西南地区生物区系的交汇过渡区域，在我国植物区系中有特殊的地位。

滇南、滇西南边缘热带低山河谷生物地理区域是中国动物地理分布中热带性最强、热带成分最丰富和种类组成最复杂的区域，有许多种类在国内仅见于此，其中不少是国家重点保护的珍稀、濒危种类。

居住有傣族、汉族、哈尼族、布朗族、基诺族、拉祜族、瑶族、佤族、回族、苗族、壮族、景颇族、阿昌族、德昂族等少数民族，以傣族为主。区内最具代表性的是傣族"贝叶文化"。民间艺术种类繁多，著名的有傣族的孔雀舞、象脚鼓舞，哈尼族的采茶舞，布朗族的蜡条舞，拉祜族的芦笙舞和基诺族的大鼓舞等。另外，区内具有特色的傣族的"竹楼"、景颇山寨等民居，构成了得天独厚的人与自然和谐相处的独特景观。

（2）建设国家公园的适宜性分析

区内优美的自然环境，丰富的生物多样性，独特的区位优势，浓郁的民族风情，灿烂的历史文化，丰富的物产资源，为国家公园的建设奠定了良好的条件。

（3）国家公园建设规划

建立西双版纳国家公园，并已开展试点建设。

三、云南省国家公园的经营与管理

党的十八届三中全会以来，党中央和国务院及各部委高度重视国家公园建设工作。2015年，国家发改委等13部委联合下发《关于印发建立国家公园体制试点方案的通知》（发改社会〔2015〕171号），将云南省确定为全国国家公园体制试点省。进入国家层面的国家公园体制试点阶段后，云南省充分认识建立国家公园体制试点工作的重要性和紧迫性，以更高的标准和要求推动各项工作。进一步明确了国家公园发展方向，以参与国家层面的国家公园体制试点为契机，加快推进国家公园法规政策的研究制定，出台了我国大陆首部国家公园法规——《云南省国家公园管理条例》，组织开展了《国家公园特许经营研究》等一批研究课题，发布了《国家公园标志系统设置指南》；按照国家13部委要求，构建了工作协调机制，并以普达措国家公园为试点区，组织编制并报请国家发改委批准实施了《香格里拉普达措国家公园体制试点区试点实施方案》，在国家公园自然资产登记制度、管理机制体制、特许经营机制和社区帮扶长效机制等方面，开展了更为系统的调查和研究。同时，在国家林业局及云南省委、省政府的大力支持下，云南省林业厅全面启动了"亚洲象国家公园体制试点方案"的编制工作。以期通过亚洲象国家公园的建设进一步提升和加强在我国境内唯一分布在云南省的这一濒危物种——亚洲象的保护和管理工作。

（一）管理体制

2008年6月，国家林业局批准云南省为国家公园建设试点省份，在符合条件的自然保护区基础上，建设中国特色国家公园。按照国家林业局的要求，省委、省政府把国家公园建设作为自然保护和可持续发展的成功实践，指定云南省林业厅为国家公园主管部门，成立云南省国家公园管理局办公室，进一步明确国家公园作为自然生态系统保护模式的性质，建立科学的决策咨询机制。发布了试点工作意见、十年发展规划、应用指南、管理评价指南，以及国家公园基本条件、建设标准等9个地方标准。颁布实施《云南省国家公园管理条例》，开展国家公园生态补偿、特许经营、社区旅游等多项研究项目。

到 2020 年，云南省计划建成丽江老君山、香格里拉普达措国家公园等 13 个国家公园，实现"一园一法、依法管理"。国家公园管理局与云南省内外科研机构和技术单位合作，开展了生物多样性监测系统的建立、生物多样性影像调查、高山湖调查、水质监测、洞穴生物多样性调查、土地利用调查、社会经济统计、亚洲象监测等工作。各种科研活动补充了国家公园的背景信息和动态变化数据，为国家公园的科学管理提供了依据。国家公园的保护、科学研究、教育、娱乐和社区发展五大功能正在逐步体现。云南国家公园体系基本建立。

（二）主要做法

1. 功能重组，统一管理，整合设立国家公园

各类保护地交叉重叠、多头管理的碎片化问题得到基本解决，形成统一、规范、高效的管理体制，是我国开展国家公园体制试点的重要目标之一。由于云南省最重要的生态系统，最珍贵的生物多样性资源已基本通过建立自然保护区、风景名胜区、森林公园、地质公园、湿地公园等形式予以保护，国家公园的建立不可避免地与现有保护地交叉重叠。在开展国家公园探索与实践的过程中，云南省对各类保护地进行了功能重组和机构整合。如，香格里拉普达措国家公园包含了碧塔海省级自然保护区和三江并流国家级风景名胜区，同时这一区域也是三江并流世界自然遗产地的核心地带，区内的碧塔海湿地还被认定为国际重要湿地。结合自然保护区管理体制改革，云南省对现有的香格里拉普达措国家公园管理局和碧塔海省级自然保护区管护局进行了整合，实行"两块牌子一套班子"的管理体制。同时，为体现"统一、规范、高效"的试点要求，云南省正在按照国家发改委批复的《香格里拉普达措国家公园体制试点区试点实施方案》，完善香格里拉普达措国家公园管理局的职能职责，对试点区范围内的国有林、自然保护区、风景名胜区、世界自然遗产地、国际重要湿地等实行"统一规划、统一保护、统一管理"。

在对各类保护地进行有效整合的同时，云南省还结合国家公园所在区域农林交错，有多个社区分布的特点，坚持与社区利益共享，将"社区发展"整合进国家公园的五大功能，把原住居民生产生活的区域作为传统利用区纳入国家公园整体规划布局。一方面通过定向援助、产业转移、社区共管、优先就业等方式，鼓励社区居民参与国家公园的保护、建设与管理，扶持国家公园内和毗邻社区的经济社会发展；另一方面，通过对原住居民服饰、建筑、节日、风俗等传统文化的保护和传承，丰富了国家公园的景观资源和人文底蕴，使国家公园与社区居民形成了紧密的利益共同体。

2. 整体保护，系统修复，保护自然生态系统的完整性

云南省将生态系统完整保护的思维贯穿于各国家公园划定、建设、保护、利用等管

理全过程，在遵循自然规律的前提下，对各类生态资源进行统一规划、整体保护、系统修复。划定国家公园范围时，不仅着眼于核心资源的保护，更强调核心资源所依存的自然环境和生态系统的整体保护，在已有保护地的基础上，统筹考虑自然生态各要素，将更大范围的森林、湿地、草甸、野生动植物栖息地、民族村落等纳入保护区域，体现了区内生态系统结构和功能，以及历史文化与社区的完整性，突出了国家公园强调典型生态系统完整保护的重要特征。同时，为推动整体保护，系统修复，国家公园的划定还充分考虑了"范围集中连片""权属清晰""以国有自然资源为主"等特征，使国家公园成为具有相对独立性和连续性的地域单元。进行国家公园功能分区时，在将自然生态系统保存最完整或核心资源分布最集中、自然环境最脆弱的区域划为严格保护区实施严格保护的同时，还将维持较大面积的原生生态系统或者已遭到不同程度破坏而需要自然恢复的区域划为生态保育区，作为严格保护区的重要屏障，实施必要的自然恢复和人工干预保护措施，加快生态系统退化区域的修复。

3. 严守红线，适度利用，保护自然生态系统的原真性

为突出生态系统的原真性保护，云南省通过分区管理、管经分离、特许经营等制度将国家公园的开发利用控制在最低限度，尽量减少人为干扰。在四个功能区中，严格保护区禁止人为活动，面积要求至少占总面积的25%以上；生态保育区禁止保护和科研以外的活动和设施建设；游憩展示区、传统利用区虽然允许建设必要的公共基础设施和公众服务设施、开展与保护目标相一致的经营利用活动，但应减少对生态环境和生物多样性的影响，并与环境充分协调，规划的游憩展示区面积不能大于总面积的5%。2016年，云南省进一步结合全省生态保护红线划定工作，将各国家公园的严格保护区和生态保育区划入生态保护红线区，禁止不符合功能定位的开发建设活动，坚决防止借机大搞旅游产业开发，将各类开发活动限制在资源环境承载能力之内，确保生态功能不降低、面积不减少、性质不改变。

4. 创新制度，厉行法治，为国家公园建设提供可靠保障

为将国家公园建设纳入法治化、制度化轨道，云南省坚持改革思维、贯彻创新理念，在国内尚无成功经验可供借鉴、国家层面尚未启动政策研究的情况下，通过借鉴国际先进理念，研究制定技术标准、配套出台管理政策、适时开展立法工作，探索出了一条国家公园规范化建设发展之路。构建了由省级层面的国家公园发展规划和各国家公园的总体规划、详细规划（含专项规划）共同构成的国家公园规划体系，作为国家公园保护、建设与管理的科学依据和指导性文本；经国家质量检验检疫总局备案，发布实施了《国家公园基本条件》《国家公园资源调查与评价技术规程》《国家公园总体规划技术规程》《国家公园建设规范》《自然保护区与国家公园生物多样性监测技术规程》《自然保护区与国家公

园巡护技术规程》《国家公园管理评估规范》《国家公园标志系统设置指南》等8项技术标准；出台了《国家公园申报指南》《国家公园管理评估指南》《自然保护区与国家公园巡护办法》《国家级自然保护区与国家公园生物多样性监测办法》等4项管理政策；制定实施了我国大陆首部国家公园地方立法——《云南省国家公园管理条例》，不仅为依法管理国家公园、探索建立国家公园体制提供了法律支撑，也在完善国家公园法律制度方面先行先试。

5.政府主导，多方参与，鼓励社会主体参与建设

在坚持政府主导，加大投入，创新保障机制，努力体现国家公园公益属性的同时，云南省积极探索社会力量参与国家公园建设的新模式。一是在管经分离原则指导下，吸引社会资本参与国家公园建设，有效拓宽了国家公园的筹资渠道，极大缓解了地方政府的财政压力。专业经营机构的引入也为公众享受高质量的游憩服务提供了有利条件，经营机构旅游收入的一部分还按照特许经营合同上缴财政，用于政府开展社区补偿、基础设施建设和扶贫等工作。二是作为国家公园建设的主体和主要受益群体之一，社区群众在国家公园的建设和管理方面也积极参与，通过参加巡护、环境维护、导览、土特产和工艺品销售、食宿接待等保护与经营活动，增加了收入，提高了生态保护的积极性，从被动遵守资源管理规定转变为主动参与森林防火、资源案件查处等工作。三是多个科研院校，如云南省林业调查规划院、国家林业局昆明勘察设计院、中国科学院昆明动物研究所、植物研究所、清华大学、北京林业大学、云南大学、西南林业大学等，以及多个社会团体，如大自然保护协会、云南省绿色发展基金会等都积极参与开展了大量的研究工作，扩大了社会影响。社会各界的广泛参与，为国家公园的探索与实践工作奠定了良好的社会基础。

（三）建设方式

国家公园自上而下建立两级决策和建设管理机构，负责具体筹建、管理事宜。即：国家公园建设领导小组，由省级领导、省有关单位组成，是国家公园建设管理的议事和决策机构，对公园进行领导、审查、监督、政策制定及总体规划编制的指导和审批。领导小组定期召开会议，主要负责协调筹建过程中的各方关系，争取各方对国家公园模式的理解和支持，及时解决存在的重大问题。领导小组下设办公室，负责日常工作。

各公园管理局，作为州、市政府的派出机构，为常设正处级行政管理机构，履行政府各相关部门对公园的管理和服务职能。管理局对公园享有管理权、监督权、制定政策权、编制预算权、人事权、门票收益权、资源收费权、规划编制及设施建设权等，不以盈利为目的，不直接参与公园内的盈利活动，根据有关法律和规划对公园内的开发经营活动进行监督和管理，行使保护自然生态资源的职能，并向群众提供宣传、讲解、培训科普知识等

方面的服务，发挥国家公园大自然博物馆的作用。

国家公园建设通过国家审批，或被云南省政府批准后，领导小组将国家公园建设的若干事宜授权给新成立的国家公园管理局，由该机构具体负责国家公园的建设。

（四）管理模式

国家公园采取"政府主导、管经分离、多方参与、分类管理"管理模式。

1.政府主导

在行政管理体制上采取垂直领导的方式，公园管理局实行财权和人事权的直接管理，理顺管理体制，取消多头领导的混乱局面；科学制定体系完整的规划并严格实施，通过规划来指导资源保护和有序开发；在加大政府投入的同时，积极鼓励和吸引多种经济成分参与国家公园建设。

2.管经分离

坚持"国家所有、政府授权、特许经营、社会监督"的原则，管理局实行委托经营和特许经营。管理局不以盈利为目的，也不直接参与公园的盈利活动。园区实行特许经营制度。管理局与运营管理公司或其他具有专业资质的机构签订合作协议，委托专业运营管理公司或者其他机构作为园区运营机构。

3.多方参与

充分调动各级政府、非政府组织、国内外机构、开发商、社区、志愿者等社会各界参与公园保护、管理和发展的积极性，兼顾多方利益，形成合力，获得最广泛的支持，确保园区持续健康发展，实现保护与发展的双赢目标。

4.分区管理

根据国家公园的资源特点（稀缺性、承载力、敏感性、保护价值等），公园实行分区控制和管理。国家公园根据情况可分为特殊保护区、一般控制区、娱乐活动区、传统利用区、公园服务区和外围控制区。为不同的保护区制定不同的管理目标、管理计划和管理政策，并为个别地区设计不同的保护计划和发展计划。

（五）资金筹措方式

国家公园建设管理资金主要来源于三个方面：①政府拨款，国家公园的建设需积极争取政府财政拨出专款，用于完善保护设施和基础设施、支付管理人员的费用，以保护公园内的自然环境、生物多样性和独特的民族文化。②市场化运作方式筹集，公园通过门票收入、特许经营费、生态补偿费、服务性收入，每年获得相应的收入。③多方筹集，调动全社会的力量，多方筹资，共同参与公园的保护建设。可采取接受社会各界、国际组织、外国政府、国内外的民间团体和企业的捐赠，以市场化方式吸引投资者参与开发建设，吸引银行贷款等多种方式。同时还可采取扶持政策，调动区内水电、矿业开发企业参与国家公园建设的积极性，争取更多的资金支持。

（六）预期效益分析

1. 生态效益

将使自然生态环境得到有效保护。国家公园的建立，有利于保护有代表性自然生态系统、地质结构和珍稀濒危动植物资源，有利于维持生态平衡、保持水土、涵养水源、调节气候、改善社区居民的生活环境。降低人类活动对环境的破坏。对国家公园进行分类管理，确定不同区域的保护和开发方式，为防止不合理的资源浪费和开发提供了保障，将最大限度减少人类活动对自然环境的影响。通过实施居民生存替代项目，发展农村替代能源，引导居民改变落后的、对生态环境产生破坏作用的生产生活方式，减少对自然资源的污染和损耗。

加深人类认知大自然的程度。通过对国家公园科学、系统、长期的观测，将有助于人类更深入、全面地了解区域内自然生态系统的发展和变化。借助国内外专家和技术的力量，开展对公园的科研、科考工作，将有助于深入挖掘和发现公园内更多的自然、地质特性，使人类认知自然的能力得到提高。

2. 社会效益

提高公众环保意识。国家公园为公众认识和享受自然提供了场所，充分发挥国家公园的环境宣传教育功能，向游客展示有关生态环境、自然保护的知识，使他们感受到生态系统的重要性，进而激发和提高人们珍惜、爱护环境的意识。

提升知名度。作为我国第一批真正意义上的国家公园，公园的建设必将受到社会各界的高度关注。而公园的发展可以向世人展示云南省资源的独特性和多样性，将促进地方品牌塑造和知名度提升，对以品牌效应带动地方经济社会发展将大有裨益。

3. 经济效益

直接经济效益。国家公园建成几年后，每个国家公园预计年接待游客200多万人次，若以200元/人门票计算，则每年门票收入为4亿多元。另外，通过收取特许费、生态补偿费及其他服务性收费，每年还可增加一定的收入。

间接经济效益。一是优化地方产业结构和增加财政收入。建立国家公园，能够促进旅游产业的转型升级和提质增效，带动相关产业发展，进而促进地方产业结构的优化，以生态旅游等对自然资源压力较小、附加值较高的产业，代替资源依赖型的传统生产方式。二是增加农民收入。吸收社区居民参与国家公园管理，可带动就业，提高居民的非农收入；

三是旅游业的发展，可提高地方产品的商品化程度，扩大与外界的交流，促进居民市场化意识的提高；四是居民从事向导、食宿、销售商品等简单旅游服务，可增加收入；五是加强对社区居民的培训，可提高居民的科学文化素质，为增收创造条件。

四、云南省国家公园的特许经营

政府特许经营是一种公共资源管理方式，起源于18世纪的法国。第二次世界大战后，现代特许经营制度逐渐成熟，成为国际资源利用和公共设施建设中通行的制度。自美国从1872年建立世界上第一个国家公园——黄石公园以来，特许经营也成为了各国国家公园普遍采用的经营管理体制，不断发展并日趋完善。

（一）特许经营的概念

国家公园特许经营的基础是公共资源的管理，属于政府特许经营的范畴。国家公园特许经营是指政府可以在国家公园进行市场化经营的经营项目（主要是公共服务项目）。按照所有权、管理权、经营权分离的原则，引入竞争机制。特别允许企业通过招标和公开拍卖的方式，实施政府的经营项目。获得经营权的企业要接受严格的政府监管，并支付加盟费。

自然文化资源特许经营是政府的一种行政许可行为，政府与私人投资者签订的特许经营合同是一种行政合同。国家公园特许经营的主要特点是：第一，开展和实现特许经营的前提是以法律的形式明确资源的公共性、公益性、非营利性、公共性或国有性，以及政府或其授权的职能部门保护和管理资源的责任；第二，政府特许经营是一种"契约控制"模式；三是充分体现了政企分开的模式，即资源保护、管理和监督由政府承担，运营由第三方承担；第四，特许经营的目标是造福大众，而不是为管理机构和经营者盈利。

（二）国家公园特许经营功能

一是实现自然文化资源管理中的政企、事企分开；二是充分引入市场竞争机制，防止因无力合理开发而给自然文化资源带来破坏；三是在自然文化资源保护的前提下规范管理者和开发、经营者的行为，利用法律文件规定双方的资源保护责任和经济收益分配方式，明确权利和义务；四是较好地兼顾自然文化资源各利益主体的利益诉求。

（三）特许经营制度是全世界国家公园资源经营中运用最广泛的模式

国家公园特许经营有着一套成熟的经验，一是体现了一种政府管理、企业经营的高效资源运作方式，并且用法律明确了对保护地的资源保护；二是在管理和经营方面实行的政企、事企分开和各司其职是采取特许经营方式的基础；三是以法律的形式明确自然资源的公共性、公益性和非营利性，明确资源的所有权性质，明确国家和政府对保护地资源的保护管理职责是推行和实现特许经营的前提和保证；四是特许经营的对象往往是具体项目，而不是将整个国家公园的所有经营活动"承包"给经营者，使其享有所有的经营权利；五是不以盈利为主要目的，其目标是让游客获得服务和便利；六是本着透明公开、社会监督的原则，公开接受公众的监督；七是明确了经营人的权利和义务，保证了企业经营行为不会影响和扭曲国家公园的保护宗旨和发展目标；八是体现了资源有偿使用，形成了资源开发、保护的良性循环。

（四）特许经营制度有利于实现国家公园资源保护目标

云南生态区位重要、生物多样性丰富、景观资源富集，但生态十分脆弱，经济社会发展相对滞后。在云南省的国家公园经营项目管理中，一直在寻找一种既可以吸引社会投资，又不会损害生态环境的合作方式。借鉴国际国家公园管理先进经验，通过规范的特许经营合同将公园的经营性项目授权于符合条件的经营者，实行特许经营制度。一方面，有利于管理权与经营权的分离，可以有效避免"重经济效益，轻生态保护"的弊病，实现对资源环境的有效保护；另一方面，通过公开竞争的方式引入有实力的经营者，有利于提高国家公园资源的经营利用水平，并为公众提供更好的服务。此外，实施特许经营，还是拓宽国家公园投入渠道、筹集生态保护资金的有效措施。

（五）云南省国家公园特许经营制度

1. 管理框架

地方政府可以通过将国家公园经营项目的管理权和监督权授予国家公园管理机构，将国家公园经营项目的经营权授予被特许者，实现国家公园特许经营项目管理权和经营权的分离，形成分权和监督体系。国家公园管理机构不参与国家公园的经营活动，监督经营者按特许经营合同开展经营利用活动。经营者按照国家公园的总体规划、详细规划和专项规划，以及特许经营合同中的授权，建设旅游服务设施，自主经营旅游服务活动，为游客提供旅游服务，并向地方政府交付特许经营费。相关资源管理部门为国家公园管理机构提供政策和技术的咨询，但不直接涉足资源经营权。

2. 管理职责

国家公园管理机构代表地方政府执行对经营者和特许项目的监督和管理，其在特许经营管理中的主要职责：一是编制国家公园特许经营计划；二是参与制定特许经营的准入条件；三是参与核准国家公园范围内经营者的特许经营资格；四是制定并监督被特许者（经营者）执行特许经营管理政策；五是监督经营者履行资源保护的义务；六是用保护和科学研究的成果支持经营者的展示或教育工作，合作寻求资源合理利用的有效途径；七是对被特许者进行评估和考核；八是向被特许者提出改进或完善的意见。

被特许者（经营者）在特许经营管理中的主要职责：一是遵守国家公园，以及资源管理的法律法规；二是确保经营活动符合国家公园规划的要求；三是遵守特许经营合同的规定；四交纳特许经营费；五是接受国家公园管理机构的管理和监督；六是按特许经营合同为游客提供良好的服务。

3. 利益分配机制

特许经营费应当由被特许者按照特许经营合同规定的比例上缴地方财政部门［通常是州（市）级财政］，用于支持国家公园管理机构的运转、国家公园内的资源保护、科研等公益性工作的开展，国家公园周边社区的扶持，也可以用于支持当地其他的社会公共资源管理或公共服务项目。

对于经营性的特许经营项目，经营收入由被特许者收取，除缴纳特许经营费和经营成本，其余的为被特许者经济利益收入。对于基础设施和公共服务性特许经营项目，当所收取的费用不够支付运营成本时，政府还将向被特许者支付相应的费用。

社区居民可以通过多种方式获得利益：一是受雇于国家公园管理机构或者特许经营企业，以提供劳动力并得到相应报酬的方式获得利益；二是在国家公园内划定的区域开展经过批准的经营活动，直接成为被特许者获得利益；三是由政府以现金的方式直接支持补偿金；四是从政府建盖的公共设施，提供的公共服务中获得利益，如村容治理、学校等。

（六）云南省国家公园特许经营措施

1. 目的和范围

云南是全国首先引入国家公园理念的地方政府，在实施旅游项目特许经营制度时需要考虑将资源保护和游客服务作为首要目标。由于政府投入有限，特许经营在云南仍是筹集社会资金用于国家公园建设的方式，但是，无论是在确定特许经营项目的范围，还是选择特许经营的企业时，都应当秉承着"保护和保存国家公园区域内自然人文资源，以及以合理费率向游客提供必要的服务"的理念。

特许经营的范围应限于直接关系公共利益、涉及公共资源配置和有限自然资源开发利用的项目，包括游憩项目和其他经营性、服务性项目。国家公园的门票体现了政府对资源的管理和保护，收取门票是行政权的一种体现，不能被当作经营权的一部分交给企业。但政府可以同企业合作，比如说企业代售门票，政府与企业分成。

2. 组织方式

国家公园的特许经营应当遵循"政府授权、管理与经营分离"的原则。国家公园所在地州（市）政府或其授权的部门负责拟订特许经营权的政策，编制特许经营权出让方案，并组织专家进行论证后公开听取社会公众的意见；采用招标等公平竞争的方式确定经营者，并明确经营内容、方式、期限、收益分配等权利义务，签订特许经营合同。被特许者按照特许经营合同中的约定，在不破坏资源的前提下，可以自主开展经营活动。国家公园管理机构依据政府的授权，负责按照特许经营权出让方案监督被特许者的经营活动，对特许经营项目的成效和特许经营合同的履行情况进行评估，受理公众对被特许者的投诉，并向政府及相关部门反馈特许经营项目的执行情况。国家公园的行政主管部门和其他的相关部门依据各自的职责负责对国家公园特许经营项目的组织开展进行指导和监督。

3. 特许经营形式

在一定期限内，通过特许将项目交由经营者投资、建设、经营，期限届满后无偿移交给授权主体；在一定期限内，将已建成的设施有偿移交特许经营者经营，期限届满后无偿交还授权主体；在一定期限内，委托特许经营者提供公共服务。

随着政府特许经营研究与实践的深入，国家公园特许经营也将进一步扩展到国家允许的其他形式。

4. 授权方式

国家公园特许经营的对象是公共资源和公共服务，属于政府特许经营。特许经营权的授权主体应当是政府或者政府授权的部门。特许经营应在总体统筹规划的前提下，采用分散授权的方式。即将不同的经营项目分别授权给多个不同的经营者，便于各个经营者突出各自优势，提高游客服务质量，更好地维护娱乐和服务设施。

5. 被特许者的选择方式

国家公园特许经营项目主要通过政府或者政府授权的部门根据特定国家公园的情况和需要，通过向社会招标的形式甄选合适的被特许者，经过对投标者的经营背景、经营实力、保护意识等严格考查，做出决策。同时亦可接受企业或个人的对某项经营项目的申请，以一定标准对申请项目的必要性和可行性进行审核，并对经营者进行核查，决定申请的批准或否决。

6. 特许经营期限

国家公园特许经营项目的期限按以下原则确定：①将整体项目的投资权、建设权和经营权授予被特许者的，特许期限最长不超过 20 年。②将单个项目的投资权、建设权和经营权授予被特许者的，特许期限最长不超过 15 年。③将已建成的设施有偿移交特许经营者经营，或者委托特许经营者提供公共服务的，特许期限最长不超过 8 年。在特许经营期限内，国家公园管理机构要对被特许者进行定期或不定期的评估，以确定其特许经营能力和效果，对不达标的项目，被特许者应当退出。特许经营期限届满后，应当按程序重新确定被特许者，但在上一轮特许经营中遵守合同约定，规范经营的被特许者，在同等条件下可以优先考虑再次授予特许经营权。

7. 特许经营合同

特许经营合同的条款约定比法律法规，以及国家公园总体规划和专业规划更具体、更详细。特许经营合同应当对特许人和被特许人的权利和义务，特许项目的性质和边界，经营期限，特许经营费，合同终止与延续，以及合同终止后的资产处置等方面都应该做出明确的规定。国家公园特许经营合同的另一个特征是全过程透明、公开和接受社会监督。

8. 特许经营费

被特许者应当按照特许经营合同的约定缴纳特许经营费。特许经营费可以包括：特许经营权出让费（使用费）、保证金和其他费用。对微利或者享受财政补贴的特许经营项目可以在特许经营合同中约定减免或优惠政策。特许经营权出让费（使用费）应当纳入财政的预算管理，按照"收支两条线"管理规定执行，主要用于国家公园的生态补偿、基础设施和能力建设、保护、运行、管理，以及扶持国家公园内原住居民的发展等。

9. 监督方式

国家公园特许经营的监督包括国家公园管理机构对被特许者的监督，公众对特许经营项目的执行情况的监督，以及审计部门对特许经营费的管理和使用的监督。

（七）云南省国家公园特许经营的保障措施

1. 制定法规政策

云南的国家公园特许经营可以按照《中华人民共和国行政许可法》中关于行政许可设定的规定，在正在制定的《云南省国家公园管理条例》中明确国家公园的经营项目应当实行特许经营制度、特许经营的形式、基本程序和特许经营费的管理与使用等原则。在这些原则的指导下，可以制定《云南省国家公园特许经营管理办法》，明确特许经营的定义与范围、经营形式和期限、特许经营的程序、特许经营者的确定方法、进入与退出机制、特许经营合同、特许方与被特许方的权利与义务，以及监督管理等内容。各国家公园应当制定特许经营项目实施细则，确定招投标的办法、合同的条款、特许项目的实施计划、信息公开、项目的评估办法、救济制度等内容。此外，就特许经营费的管理和使用，应当制定专门的管理办法。

2. 加强理论研究

借鉴已有工作基础和经验，加强国家公园特许经营特点、制度设计、执行、评估等方面的理论研究，将为国家公园特许经营的立法、制度建设与完善等提供理论依据。

3. 完善制度建设

国家公园自然资源的特殊性决定了在实施特许经营时必须有系统的制度加以保障。国家公园特许经营制度主要包括产权制度、特许边界限制制度、特许费制度、特许合同制度、特许程序制度、救济制度、监管制度等。

4. 加强人员培训

在国家公园特许经营的推进过程中，应当加强人员培训，特别是针对将来准备从事具体的特许经营管理的人员的培训，从理念上充分认识特许经营的重要性，并熟悉特许经营的相关知识，包括特许经营的基本知识、相关的法律法规、实施步骤、操作规程等。

5. 合理评估资产

在对国家公园的资产进行评估时应当注意：①特许经营权的价值基础主要是开展旅游等经营性活动的收入，而不是园内的自然资源财产价值，应当通过对旅游收入的估算来评估特许经营权的价值。②由于旅游的季节性很强，可以按照以往的旅游年收入为评估基础，再加上一定的旅游收入增长量来计算价值。评估时应当引入第三方评估机构，以确保评估者在评估的过程中始终以客观事实为依据，评估结论"客观、公正、科学"。评估的规范和评估程序应当事先予以公开，确保透明度，要有统一的尺度。

6. 鼓励社区参与

社区参与特许经营可以通过两种方式：①被特许经营"接收"当地劳动力。②社区居民成立企业或者以个人形式成为被特许经营者。目前，由于原住居民财力和能力的限制，主要以第一种方式为主。国家公园管理机构可以对国家公园社区居民进行职业技能培训，增强其参与特许经营的能力。

7. 完善监管体系

监管工作的主要执行者是国家公园管理机构，但是监管工作并不仅仅是简单地检查、考核工作和对被特许者的行为进行监督，还要善于发现特许项目经营中所存在的问题，并帮助被特许者解决问题。监管内容包括：对被特许人经营行为、游客服务管理、运营状况等方面的督导；建立特许者和被特许者之间顺畅的沟通；对被特许者进行经济、法律、行政等方面的监管，以确保自然资源和国有资产的安全等。

五、云南省国家公园标准化建设

"标准化是为在一定的范围内获得最佳秩序，对实际的或潜在的问题制定共同的和重复使用的规则的活动。"探索制定和建立云南国家公园技术标准体系，是一个推动和实现国家公园标准化、规范化建设的过程，从而将云南国家公园纳入常态管理的轨道，为已经建成和即将新建的国家公园提供值得借鉴和必须遵守的范本，因此具有极为重要的理论和实践意义。

（一）技术标准的概念

标准是指衡量事物的准则，是"对重复性事物和概念所做的统一规定"《标准化工作指南第1部分：标准化和相关活动的通用术语》（GB/T 20000.1—2014）[2]。制定和实施标准的目的，是为了减少有关活动的不确定性、简化和降低实现活动目标的成本，并保证实现活动目标的质量和效率。一般认为，标准具有三个主要功能，即衡量功能、规范功能和导向功能。衡量功能是指标准可以被用于对事物做出评断，具有评价事物好坏的作用和效能，是标准的最基本功能。规范功能是指标准可以对适用该标准的活动规定定性或定量的行为要求和约束条件。标准对行为的约束性和规范性，是保障标准有效性的重要基础。导向功能是指标准可以对适用该标准的活动发挥"预先规范"的作用，可以对活动目标和行为提供指引。

根据国际标准化组织（ISO）的定义，经济社会中，标准是指"可反复适用，规定有关条件、要求、规格、准则和特性以保证原料、产品、工艺和服务与其目的相符的文件"。相应的，技术标准是指一种或一系列具有强制性要求或指导性作用的文件，包含详细的技术要求和相关的技术解决方案，其目的是使产品或服务达到一定的安全标准或市场要求。

按照国家标准化管理委员会的分类方法，标准通常分为三类：技术标准、管理标准和工作标准。其中，技术标准是指在标准化领域为需要统一的技术事项制定的标准，包括基本技术标准、产品标准、工艺标准、检验试验方法标准、设备标准、原材料标准、安全标准、环保标准、卫生标准等。目前，国内对技术标准的解释通常采用国家标准化管理委员会的定义。

简单地说，技术标准可以理解为重复性活动（比如提供产品和服务等）中蕴含着的共同普遍规定。正因为技术标准来自于重复性的活动和特定的对象，反过来，企业产品、服务的生产和制造就可以按照这样的标准来进行，产品和服务以及所需的设备，甚至销售的方式方法都能够互联互通，用一个统一的标准和尺度进行衡量、比较，这也是技术标准最大的功效之一。

（二）运用技术标准管理国家公园

技术标准的出现背景是大规模社会化生产。在这个层面上，作为一种社会化结构的产物，国家公园建设也能在工业化背景之下，运用技术标准的方法推进各项工作。

1. 技术标准管理是规范国家公园管理的重要方式

目前世界范围内，各国设立了数以千计的国家公园，为摸索国家公园的标准化建设规律提供了客观条件。在云南，正式开展国家公园试点建设至今也已有近 20 年历史，参与国家公园建设、管理、运营的机构和人员数量也正在逐渐增多。也就是说，从这些国家公园重复性的工作中可以寻找普遍性的规律并将其制度化、规范化、法治化，而制定实施技术标准是其中最为有效的一种方法。

2. 技术标准管理是国家公园的通用管理模式

从经营管理方法来看，国家公园本身具有一定的商品因素，是工业社会、商品经济时代的产物之一。商品经济的最大特点是实现标准化生产、大规模普及市场客户群体，因此，把国家公园当作"商品"并运用技术标准等方法"生产经营"，在商品经济时代背景下是可以理解的。例如，新西兰国家公园的旅游服务由保育部与经济发展部（旅游局）共同管理。在市场经营方面，保育部主要负责国家公园户外游憩设施的建设与维护，经济发展部（旅游局）则主要负责国内外旅游市场开发和游客管理。经济发展部（旅游局）针对旅游市场制定《旅游开发计划》，运行并维护"国际旅游数据库""国际游客调查系统""国内旅游调查系统""商业住宿监控系统"，以及"旅游卫星账户"系统等，这些都是规范化的商业操作模式，充分发挥了技术标准的作用。

3. 技术标准管理是协调国家公园资源保护与利用的重要保障

从国内政策环境来看，云南国家公园在承担自然保育、生物多样性保护首要目标的同时，也担负着一定的旅游开发、休憩服务等与市场运行密切相关的功能。从这个角度来说，国家公园技术标准体系建设又分别从属于两个领域，一是部分从属于环境保护事业的标准化工作，二是部分从属于旅游产业的标准化工作。尽管从情感上来说，环保主义者通常希望国家公园能够实现一种非经济价值的管理模式，但是在事实上以"经营"促保护，即通过较小面积的开放展示，促进较大地理空间区域内的自然保育工作质量和成效，正是由国家公园的基本属性所客观决定的运营方式。如何把握展示、游憩与保护之间的"度"，正需要运用标准化方法提供规范和指导。

4. 从实践效果来看，借助技术标准可以有效地加快国家公园的健康发展

从 2008 年云南被国家林业局列为中国大陆国家公园建设首个试点省份以来，云南省为了规范和提高国家公园建设管理质量，已经制定实施了《国家公园基本条件》《国家公园资源调查与评价技术规程》《国家公园总体规划技术规程》《国家公园建设规范》等云南省地方标准。这些技术标准的实施，对国家公园的术语和定义、基本条件、资源调查与评价、总体规划和建设规范等内容作了较为科学的界定和明确规定，有效提升了国家公园

管理水平,在加强云南生物多样性保护和生态文明建设,促进自然资源、人文资源及其景观的有效保护与合理利用方面发挥了重要作用。

(三)云南国家公园技术标准体系

云南国家公园技术标准体系,是指为实现国家公园建设和管理活动的标准化与规范化,针对国家公园实践过程中重复或共同出现的或者潜在的问题,由有关行政主管部门制定、发布和实施的一系列具有内在联系、相辅相成的,具有强制性规范或指导性功能的技术规定和技术方案,以及现行国家标准、行业标准和有关国际标准中可以援引适用于国家公园建设和管理活动的各类标准及经有关行政主管部门认可、批准实施的标准化文件。云南国家公园技术标准体系的建设和实施,就是通过标准化的手段,实现国家公园建设和管理的标准化和统一。国家公园技术标准体系的制定过程,就是通过技术标准文件的制定、发布和实施,规范国家公园建设和管理中存在的共性问题。

根据世界贸易组织(WTO)和国际标准化组织(ISO)的相关文件和分类方法,云南国家公园的技术标准体系应包括垂直结构分类和水平结构分类的分类和施工方法。其中,垂直结构是国家公园技术标准体系按照标准文件的法律效力和制定机关的级别进行分类。横向结构是国家公园技术标准体系按照标准法律文件的功能和适用的工作范围进行的分类。

1.云南国家公园技术标准的纵向结构

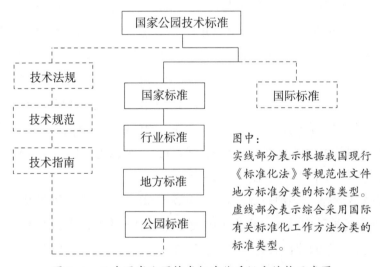

图 3-1 云南国家公园技术标准体系纵向结构示意图

（1）技术法规、技术规范和技术指南

依照标准化文件法律效力的不同，云南国家公园技术标准体系中的技术标准分为技术法规、技术规范和技术指南。

①技术法规

技术法规是规定技术要求的法规。它们是具有特定法律效力的规范性文件，包含技术要求，是法律明确授权的，属于立法范畴。根据世界贸易组织《技术性贸易壁垒协定》（WTO/TBT），"技术法规"被定义为"规定产品或其相关工艺和生产方法的可执行特性的文件，包括适用的监管法规"。该文件还可以包括或具体处理适用于产品、工艺或生产方法的特定术语、符号、标记或标签要求。必须制定技术法规，以实现五个合理的目标：维护国家安全，防止欺诈，保护人身健康和安全，保护动植物的生命和健康，保护环境。

②技术规范

技术规范是指与设备程序的操作、工艺过程的执行以及产品、劳动和服务质量要求有关的标准和标准。一般建议使用技术规范，不是强制性的。它们是有关部门、事业单位、团体、企事业单位依照法定程序制定颁布的，并在一定程度上适用。例如，在美国国家公园标准化文件中，"标准操作程序"可以归类为技术规范。此外，在云南省颁布的国家公园地方标准中，有《国家公园 资源调查与评价技术规程》（DB53/T 299—2009）《国家公园 建设规范》（DB53/T 301—2009）《国家公园总体规划技术规范》（DB/T 39736—2020）等技术规范。

技术规范侧重于规定国家公园有关作业所应当遵守的程序和技术条件。云南国家公园技术标准体系中的技术规范主要包括针对监测、调查、评估、管理、服务、环境基准、社区发展等相关领域所制定的以程序性规定为主的技术准则和标准。

③技术指南

技术指南是指对技术法规、技术规范中没有细化的技术标准执行程序、工艺、步骤和方法所作的进一步具体说明。技术指南是对技术法规和技术规范的细化和补充，由技术标准管理、执行、实施的部门、机构、组织、企事业单位等制定颁布后在一定范围内适用。

技术指南具有指导性。国家公园技术标准体系中，技术指南是对技术法规、技术规范进一步细化后所作的操作性规定，具有对法律、技术法规、技术规范做出指引、说明的作用。相对于技术法规和技术规范而言，技术指南的审查和发布程序较为简单，通常在制定完毕后经主管行政部门审查通过或者备案即可实施。此外，技术指南一般为指导性标准文件，不具强制力。经主管行政部门发布实施后，主要依靠行政部门的内部监督保障施行。针对尤其是以监测、调查、评估等为主的，对科学技术、操作工艺和结果等要求较高的标准化文件，均可以依照客观需要制定相应技术指南。

（2）国家标准、行业标准、地方标准、公园标准和国际标准

依照制定机关层级的不同，云南国家公园技术标准体系中的技术标准，分为国家标准、行业标准、地方标准、公园标准和国际标准。需要说明的是，在国家公园标准化建设工作中，应当梳理现行国家标准、行业标准中，可以援引适用于国家公园的各项技术标准。例如，在生物多样性保护方面，已有《生物监测质量保证规范》（GB/T 16126—1995）、《湿地生态风险评估技术规范》（GB/T 27647—2011）等现行国家标准，有《外来物种环境风险评估技术导则》（HJ 624—2011）[①]、《生物遗传资源经济价值评价技术导则》（HJ 627—2011）[②]、《生物遗传资源等级划分标准》（HJ 626—2011）[③]、《区域生物多样性评价标准》（HJ 623—2011）[④]等行业标准。在生态旅游方面，已有《国家生态旅游示范区建设与运营规范》（GB/T 26362—2010）、《自然保护区生态旅游规划技术规程》（GB/T 20416—2006）等国家标准，有《旅游景区讲解服务规范》（LB/T 014—2011）[⑤]、《旅游景区公共信息导向系统设置规范》（LB/T 013—2011）[⑥]、《旅游景区游客中心设置与服务规范》（LB/T 011—2011）[⑦]等行业标准。对于有关国家推荐标准和行业标准，应该在分析、比对的基础上，斟酌其对国家公园标准化建设工作的适用性。本章主要从构建技术标准体系框架的层面，对各级各类技术标准进行说明，对特定现行标准的适用性不做具体分析。

①国家标准

云南国家公园技术标准体系中的国家标准，是指由国务院标准化行政主管部门制定、发布、实施或者承认的，全国范围内统一的技术要求中，可以适用于云南国家公园的标准化文件。

例如，根据《中华人民共和国环境保护法》的规定，对于国家环境质量已做规定的项目，应当适用国家标准。目前，已经制定、发布，可以直接适用于云南国家公园环境质量保护活动的国家标准包括：《地表水环境质量标准（GB 3838—2002）》《地下水质量标准（GB/T 14848—93）》《渔业水质标准（GB1 1607—89）》《环境空气质量标准（GB 3095—2012）》《声环境质量标准（GB 3096—2008）》《土壤环境质量标准（GB

---

① 《外来物种环境风险评估技术导则》（HJ 624—2011），载于环于境保护部网站。
② 《生物遗传资源经济价值评价技术导则》（HJ 627—2011），载于环境保护部网站。
③ 《生物遗传资源等级划分标准》（HJ 626—2011），载于环境保护部网站。
④ 《区域生物多样性评价标准》（HJ 623—2011），载于环境保护部网站。
⑤ 《旅游景区讲解服务规范》（LB/T 014—2011），载于国家旅游局网站。
⑥ 《旅游景区公共信息导向系统设置规范》（LB/T 013—2011），载于国家旅游局网站。
⑦ 《旅游景区游客中心设置与服务规范》（LB/T 011—2011），载于国家旅游局网站。

15618—1995）》等。

国家标准分为国家强制性标准和国家推荐性标准，对于适用于国家公园标准化建设的国家强制性标准，应当直接适用。对于有关国家推荐性标准，应对其适用性进行进一步研究。

②行业标准

云南国家公园技术标准体系中的行业标准，是指由国务院有关行政主管部门编制计划，组织草拟，统一审批、编号、发布，并报国务院标准化行政主管部门备案的技术要求中，可以适用于云南国家公园的标准化文件。

例如，环境保护部组织起草和实施的行业标准《区域生物多样性评价标准（HJ 623—2011）》《外来物种环境风险评估技术导则（HJ 624—2011）》《生物遗传资源等级划分标准（HJ 626—2011）》《生物遗传资源经济价值评价技术导则（HJ 627—2011）》《生物遗传资源采集技术规范（HJ 628—2011）》可以分析研究其对云南国家公园区域生物多样性评价、外来物种环境风险评估以及生物遗传资源评价等活动的适用性。

③地方标准

云南国家公园技术标准体系中的地方标准，是指由省政府标准化行政主管部门编制计划，组织草拟，统一审批、编号、发布，并报国务院标准化行政主管部门和国务院有关行政主管部门备案的，专门适用于云南省级行政区内国家公园的保护、管理、科研和运营等活动的标准化文件。

地方标准构成云南国家公园技术标准体系中的主要部分。地方标准针对的主要是没有国家标准或者行业标准，但确有必要在云南省行政区域内统一并适用于国家公园有关活动的技术要求；或者在特定领域内已有国家标准或行业标准，但依照法律、行政法规的规定，可以制定严于国家标准或者行业标准的地方标准的，由省政府标准化行政主管部门编制发布，并报国务院标准化行政主管部门和国务院有关行政主管部门备案的，适用于国家公园有关活动的技术要求。

④公园标准

云南国家公园技术标准体系中的公园标准，是指按照各国家公园的资源特点，对于没有国家标准、行业标准或者地方标准，但是确有必要在本公园区域内实施标准化、规范化、统一化的事项，由国家公园管理机构单独或者会同同级有关行政主管部门制定或者颁布，并在本公园园区范围内适用和实施的技术要求。制定公园标准，应当报省政府标准化行政主管部门和有关行政主管部门备案。

制定实施公园标准，有利于推行"一园一法"和因地制宜的国家公园管理制度。同时，对于已有国家标准或行业标准的事项，可以鼓励制定严于国家标准或行业标准的公园标准，在各个国家公园区域范围内适用。

⑤国际标准

云南国家公园技术标准体系中的国际标准，是指随着国家公园保护、管理、科研、运营等活动标准化、规范化程度的不断加深，为建立健全国家公园的品质管理体系，实现与国际接轨，而逐步援引采用的以国际标准化组织（ISO）制定、确认和公布的标准为主的标准体系。

2.云南国家公园技术标准体系的横向结构

云南国家公园技术标准体系的横向结构，是指按照技术标准实现的社会功能和适用的工作领域，对云南国家公园技术标准体系中的技术标准所做的分类。依照标准实现国家公园功能性的不同，云南国家公园技术标准体系中的技术标准分为保护标准、科研标准、教育标准、游憩标准和社区发展标准；依照标准技术适用性的不同，云南国家公园技术标准体系中的技术标准分为基础标准、方法标准、样品标准等。

（1）保护标准、科研标准、教育标准、游憩标准和社区发展标准

①保护标准

保护标准是为实现国家公园的保护功能所制定、实施的统一技术要求，是保障实现国家公园保护生态系统完整性、禁止对该区进行有害开发及占用，并实现与环境及文化相适应的保护地特征。根据世界自然保护联盟（IUCN）和世界知识产权组织（WPO）分类标准，以及《生物多样性公约》和《保护世界文化与自然遗产公约》的有关规定，结合云南实际，云南国家公园的保护功能主要表现在自然环境保护、生物多样性保护、传统知识保护，以及遗产和遗传资源保护等四个方面。

实现自然环境与生物多样性保护，为当代和后代保护国家公园各生态系统的完整性，主要是指：一是保护物种多样性、遗传多样性和生态系统多样性；二是为国家提供各个环境要素和资源本底的背景数值和基准；三是保护重要生态过程，通过公园生态系统的净化功能以及物质流和能量流的转化、代谢功能，提供生态系统服务和环境服务。

实现传统知识保护，根据世界知识产权组织及《生物多样性公约》的界定，主要是指对传统生活方式和采用传统生活方式的，本土和当地社区的，与生物多样性保护和可持续利用相关的知识、创新和实践的保护。

实现遗产和遗传资源保护，包括遗产保护和遗传资源保护。从目前云南国家公园的建设情况来看，保护地所保护的遗产主要是三江并流世界自然遗产。在纳入三江并流世界遗产保护的资源范围以外，遗产保护还包括对文化遗产的保护，即对物质文化遗产和非物质文化遗产的保护。遗传资源保护，目前主要是生物基因安全保护。

云南国家公园技术标准体系中的保护标准，按照保护功能分类，分为环境标准、资源调查与评价标准、传统知识保护标准、遗产和遗传资源保护标准，以及环境管理标准。

A. 环境标准

根据《中华人民共和国标准化法》和《中华人民共和国环境保护法》的有关规定，在我国环境、自然与资源保护领域，"环境标准"特指按照法律规定的程序，针对环境质量、污染物排放、环境监测方法以及其他需要的事项所制定的各种技术指标与规范的总称。制定环境标准的目的是保护人群健康、环境安全和维护生态平衡。国家公园技术标准体系中的环境标准主要包括：环境质量标准、环境基准、污染物排放标准、环境方法标准、环境监测、评估类方法标准。

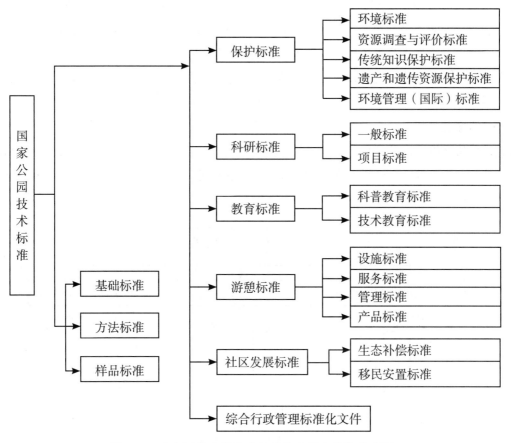

图 3-2 云南国家公园技术标准体系横向结构示意图

B. 资源调查和评价标准

资源调查，是指由法定机构对一个国家或地区的自然资源的分布、数量、质量和开发利用条件等进行全面的野外考察、室内资料分析与必要的座谈访问等项工作的总称。根据资源调查对象的不同，分为自然资源综合调查和单项自然资源调查；根据调查任务的不同，分为自然资源数量调查、质量调查、开发利用条件调查等；根据调查的详略程度不同，分为自然资源概查和自然资源详查；根据调查方法的不同，分为自然资源实地调查和自然资源遥感调查等。

资源评价，是指对资源的来源、范围、可依赖程度和质量进行确定，据此评估资源的利用和控制可能性。按照在国家公园园区范围内实施资源调查和评价的工作程序分类，云南国家公园技术标准体系中的资源调查和评价标准包括资源巡护标准、资源调查标准、资源评估标准、样品采集标准。

C. 传统知识保护标准

根据世界知识产权组织的定义，传统知识是指传统的或传统的文学、艺术或科学作品、表演、发明、科学发现、设计、商标、名称和符号、未公开的信息以及所有其他基于工业、科学、文学或艺术领域传统知识活动而产生的创新和创造。广义的传统知识包括民间文学艺术表现、传统科学技术知识和传统符号。狭义的传统知识主要是指传统的科学技术知识。

民间文艺是指由一个群体或一些个人创作和维护的，由具有传统文化艺术特色的元素构成，反映该群体传统文化艺术期待的一切文艺产品。表现形式主要包括口头表达（如传说、故事、诗歌等）、音乐表现（如民歌、民族音乐等）、动作表现（如民族舞蹈、仪式等）和有形表现（如雕塑、陶瓷、纺织品、服装等）。

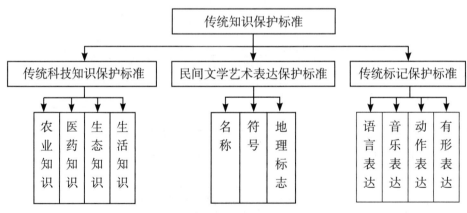

图 3-3 传统知识保护标准分类示意图

D. 遗产和遗传资源保护标准

遗产和遗传资源保护标准，包括遗产保护标准和遗传资源保护标准。对于云南国家公园中属于世界遗产保护范围的资源，要按照世界遗产保护的有关规定和方法制定技术标准。虽然现已建成的国家公园在园区范围内所涵盖的主要是三江并流世界自然遗产，但从发展的眼光来看，不排除今后设立的国家公园或者现已建成国家公园中，在未来涉及世界文化遗产保护的工作和内容，因此，在世界遗产保护标准中，要考虑保留制定、实施有关世界文化遗产保护标准的可能性。

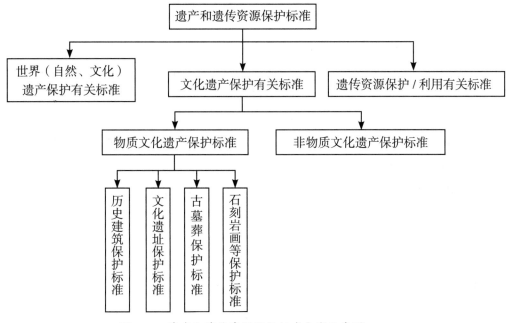

图 3-4　遗产和遗传资源保护标准分类示意图

E. 环境管理标准

环境管理标准，是指 ISO14000 "环境管理" 标准体系。ISO14000 是国际标准化组织（ISO）第 207 技术委员会（TC207）从 1993 年开始制定的一系列环境管理国际标准，它包括了环境管理体系（EMS）、环境管理体系审核（EA）、环境标志（EL）、生命周期评价（LCA）、环境绩效评估（EPE）、术语和定义（T&D）等国际环境管理领域的研究与实践的焦点问题，向各国政府及各类组织提供统一、一致的环境管理体系、产品的国际标准和严格、规范的审核认证办法，用于机构、组织、企事业单位等减小其活动对于环境的影响，并持续提高其环境绩效。

②科研标准

科研标准，是为实现国家公园促进在自然、环境、生态、社会和经济领域科学发展和研究水平的功能，所制定、实施的统一技术要求。按照标准的适用对象，云南国家公园技术标准体系中的科研标准可以分为一般标准和项目标准。

一般标准是指在国家公园科研工作中普遍适用的工作方法、技术要求、规程等。项目标准是指在国家公园开展的特定研究项目中，制定或者采用适用于项目活动的技术要求和技术规程等。

③教育标准

教育标准，是为实现国家公园普及自然、环境、生态和社会文化知识的功能所制定、实施的统一技术要求。国家公园的教育功能主要是科普教育和技术教育。云南国家公园技术标准体系中的教育标准，可以分为科普教育标准和技术教育标准。

科普教育，是指从普及知识的角度，为提供与国家公园有关的科学、文化和安全等资料和讯息所实施的宣传和教化。科普教育标准是为保证国家公园实施科普教育的规范性、标准性和科学性，所制定和实施的与教育方法和教育设施等相关的统一技术要求，例如"国家公园生态教育编制规范""国家公园社区环境意识教育指南"等。

技术教育，是指技能培训，包括对有关专业人才和科学技术从业人员的专业技能培训，以及对国家公园周边社区群众的生活和生产技能培训。技术教育标准，是指对实施技术教育过程中反复出现的事项做出的具有指导功能的统一规范性文件，例如"国家公园社区××种植技术指南"或"国家公园××物种种群恢复技术规程"等。

④游憩标准

游憩标准是国家公园满足公众休憩、娱乐，在园内设施建设、提供服务等方面所应达到的要求。游憩标准的制定和建立应当以环境类标准以及相关环境科学和生态学研究为基础，结合管理学、经济学、法学等相关领域，针对不同类型的国家公园，制定一系列各具特色的游憩标准。

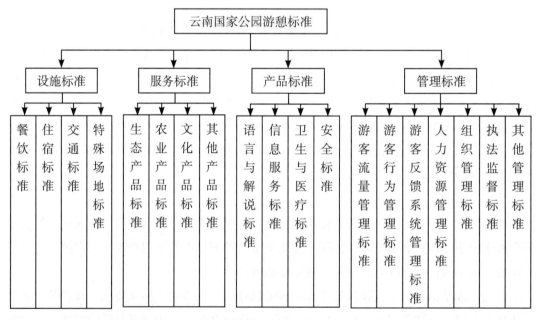

图3-5 云南国家公园游憩技术标准分类示意图

根据国家旅游局发布的《〈旅游业标准体系表〉编制说明》和国家质量技术监督局批准的《旅游行业标准归口管理范围》，游憩（旅游业）标准主要包括基础标准、设施标准、服务标准、产品标准和方法标准。按照云南国家公园技术标准体系的横向结构分类方法，国家公园的游憩标准主要包括游憩设施标准、游憩服务标准、产品标准，及其相应管理技术标准。

A. 设施标准

国家公园设施主要包括餐饮设施、住宿设施、交通设施和特殊场地（馆）设施。相应地，游憩标准中的设施标准是指以下类型的标准：a. 餐饮标准。例如"国家公园园区餐饮、住宿、娱乐区域规划标准""园区餐饮、住宿、娱乐行业规范"等。b. 住宿标准。例如"国家公园旅游设施绿色建筑标准""国家公园营地分类目录""国家公园临时营房分类目录""国家公园露营区域规划和露营设施标准""国家公园风景区营地标准""国家公园标准营地标准""国家公园简易营地标准""国家公园边远地区营地和长途步道营地标准""国家公园自驾车营地标准""国家公园民居精品客栈标准""国家公园自助公寓标准""国家公园旅游房车标准"等。c. 交通标准。例如"国家公园道路（公路、水路）建设标准""国家公园园区停车场建设标准""国家公园路径分类目录""国家公园入园交通工具标准""旅游汽车标准""游船标准""特殊旅游交通标准"等。d. 特殊场地（馆）标准。例如"国家公园游客接待大厅建设规范""国家公园游客休息中心建设规范""国家公园登山基地建设标准""国家公园攀岩基地建设标准""国家公园漂流基金建设标准"等。

B. 服务标准

语言与解说标准。例如"国家公园风景分类指南""国家公园语言服务规范""国家公园解说系统标准""国家公园导游和讲解服务规范"等。

信息服务标准。例如"国家公园旅游信息咨询中心建设与服务规范""国家公园网站与电子商务建设与服务规范""国家公园公共信息数据库建设标准""国家公园信息收集系统建设标准""国家公园信息网络运营标准""国家公园订房管理信息系统运营标准"等。

卫生与医疗标准。例如"食品卫生标准""国家公园饮用水安全标准""国家公园职业病防护标准""国家公园医疗站点设置规范""国家公园医疗服务规范"等。

安全标准。例如"国家公园户外安全守则""国家公园用火安全规范""国家公园用水安全规范""国家公园雪崩安全守则""国家公园野外搜救服务规范""国家公园救济救援服务规范""高海拔地区旅游安全紧急救援服务规范""国家公园突发安全事件应急规范""国家公园突发安全事故医疗应急规范"等。

C. 产品标准

具体分为生态产品标准、农业产品标准、文化产品标准、其他产品标准等四类标准。

D. 管理标准

a. 游客流量管理标准。例如"国家公园景区容量测算规范""国家公园游客承载力标准""国家公园旅游信息收集系统规范""国家公园游客入园监控系统规范""国家公园商业住宿监控系统规范""国家公园客流量调节规范"等。b. 游客行为管理标准。例如"国家公园游客文明行为规范""国家公园生态资源保护行为规范""国家公园野生动物观赏行为规范"等。c. 游客反馈系统管理标准。例如"国家公园游客满意度评价标准""国家公园游客调查系统建设标准""国家公园旅游投诉处理规范"等。d. 人力资源管理标准。例如"国家公园巡护人员标准""国家公园导游资质等级"等。e. 组织管理标准。例如"国家公园规划设计单位资质评定标准""国家公园科普教育协会组织标准"等。f. 执法监督标准。例如"国家公园执法监督工作规范""国家公园旅游行政处罚标准"等。

游憩标准的制定，要遵守可持续发展和绿色经济转型、园区资源谨慎开发的基本原则，突出国家公园以生态保护和环境教育为主的社会功能，引导国家公园旅游业和园区服务业的有序发展，并确保经济利益让位于生态保护。

⑤社区发展标准

社区发展标准是对建设国家公园为周边社区发展可能带来的收益所做的统一规定。目前，在国家现有政策中，生态保护与社区发展结合最为紧密的是生态补偿政策。

根据《国务院实施〈中华人民共和国民族区域自治法〉若干规定》的规定，国家根据开发者付费、受益者补偿、破坏者赔偿的原则，从国家、区域、产业三个层面，通过财政转移支付、项目支持等措施，对在野生动植物保护和自然保护区建设等生态环境保护方面作出贡献的民族自治地方，给予合理补偿[①]。生态补偿是以保护生态环境、实现资源可持续利用、推动国民经济向绿色经济转型为目的，综合考虑生态系统服务价值、生态保护成本、发展机会成本等，运用行政和市场手段，通过财政转移支付、补贴、税收及以市场为基础的交易机制，由生态系统服务受益人向服务提供人对在保护和建设生态环境过程中投入的保护成本或者丧失的发展机会所给予的一系列经济或非经济弥补措施和制度安排的总称。

国家公园技术标准体系可以进行与国家公园管理、发展、保护和社区发展相关的"生态补偿标准"试点研究，包括园区及其周边原住民（不包括从其他地方搬迁至园区周边从

---

① 《国务院实施〈中华人民共和国民族区域自治法〉若干规定》（中华人民共和国国务院令第435号），2005年5月19日，第8条第3款。

事商业活动的外来移民)为实现国家公园的环境和生态保护、修复,保障园区生态系统服务供应,并为此丧失经济发展机会或参与园区生态环境建设,由此所应取得补偿的具体标准。

目前,在已建成的各个国家公园中,生态补偿工作完成较好的是香格里拉普达措国家公园。自 2007 年设立国家公园以来,为了保护生态,制定了《迪庆州旅游反哺社区发展实施方案》。根据该方案,从景区收入每年拨付 500 万元按照受影响程度大小,依不同标准补助牧民。2010 年,以 5 口之家计算,最多的每户每年可以得到 1.5 万元的生态补偿金。

此外,国家公园还可以探索建立和实施"生态系统服务付费"(PES)市场机制。根据生态系统和生物多样性经济学(TEEB)采用的定义,生态系统服务付费是指一种自愿交易,其中一个获得良好定义的生态系统服务(或者可能保障该服务的土地利用方式)被至少一个生态系统服务购买人购买自至少一个生态系统服务提供人,该生态系统服务提供人保证提供相应服务[①]。在已经建立或者正在探索建立"生态系统服务付费"机制的国家和地区,如拉丁美洲、东南亚、北美洲和欧盟等,生态系统服务付费制度的主要原理和推动力是,一方面土地使用人相信其维持或者改变特定土地利用方式并由此所提供的生态系统服务能够获得与之相适应的公平对价;另一方面,支付对价的生态系统服务受益人相信其接受了与其支付费用相适应的生态系统服务。

2006 年以来,云南省已经陆续对全省生态系统和生物多样性的生态系统服务功能及其价值开展了评估。作为我国的生态资源大省,云南应在评估数据的基础上,根据国家有关生态补偿政策等,开展生态系统服务付费试点交易项目。

⑥综合行政管理标准化文件

综合行政管理标准化文件,是根据国家公园标准化建设行政管理工作的客观需要,由国家公园行政主管部门,对实施标准化行政管理的事项制定并经法定程序颁布实施的技术规范和指南。

严格意义上,综合行政管理标准化文件属于管理标准,是对标准化领域中需要协调统一的管理事项所制定的标准,主要是对管理目标、管理项目、管理业务、管理程序、管理方法和管理组织作出规定。

国家公园综合行政管理标准化文件的主要目的,是规范国家公园的行政管理和其他综合性管理工作。综合行政管理标准化文件包括:"国家公园基本条件""国家公园管理评

---

① 秦玉才、汪劲:《中国生态补偿立法:路在前方》,北京大学出版社 2013 年版,第 315-316 页。

估技术规范""国家公园管理评估指南"等。

（2）基础标准、方法标准、样品标准

①基础标准

云南国家公园技术标准体系中的基础标准，是国家公园保护、科研、管理、运营等工作中，需要有统一的具有指导意义的技术术语符号、代号（代码）、图形、指南、导则及信息编码等。基础标准主要包括标准化工作导则、术语、符号与标志，以及实施评价标准。

A. 标准化工作导则

标准化工作导则，是适用于云南国家公园开展标准化工作的标准。现行标准化工作导则的国家标准是《标准化工作导则 第 1 部分：标准的结构和编写（GB/T 1.1—2009）》，对应于《ISO/IEC 导则—第 3 部分：国际标准的结构和起草规则》，自 2020 年 10 月 1 日开始实施。该标准规定了标准的结构和编写规则，有关表述的样式，并提供了标准出版的格式和字体、字号，适用于国家标准、行业标准和地方标准的编写和出版，同时供企业标准和标准化指导性技术文件编写的参照使用。

B. 术语

术语，是适用于国家公园行业内部信息沟通的通用概念、定义和术语含义标准，例如《术语工作原则与方法（GB/T 10112—1999）》《术语工作 词汇 第 1 部分：理论与应用（GB/T 15237.1—2000）》或者"国家公园术语"等。

C. 符号与标志

符号与标志，是对国家公园符号与标志的样式、颜色、字体、结构及其含义定的标准，例如《标准编写规则 第 2 部分：符号标准（GB/T 20001.2—2015）》"国家公园公共信息图形符号""国家公园导向系统标志"等。

D. 实施评价标准

实施评价标准，是为了对国家公园各类技术标准实施情况进行评价所制定的标准。

②方法标准

方法标准是对国家公园活动中采用的通用性方法制定的统一技术要求。常见的方法标准包括试验方法、检验方法、分析方法、测定方法、采样方法、统计方法、计算方法、工艺方法、生产方法、操作方法等。

③样品标准

样品标准是对在国家公园活动中，用于量值传递或质量控制的材料、实物的样品所作的统一技术规定。

六、国家公园的生态补偿

生态补偿的本义为"生物有机体、种群、群落或生态系统受到干扰时，所表现出来的缓和干扰、调节自身状态使生存得以维持的能力，或者可以看作生态负荷的还原能力"。20世纪50年代以来，为解决经济社会发展中的资源耗竭和生态环境破坏问题，一些国家和地区尝试以"生态补偿"作为促进资源环境保护的经济手段。经过半个多世纪的发展，生态补偿已从单纯的生态学概念扩展为具有生态经济学、环境经济学和资源经济学内涵的概念，并从一种自然现象逐渐演变为一种社会经济发展机制。

（一）国家公园旅游生态补偿的基本要素

旅游生态补偿关系域由补偿主体、补偿客体和补偿对象等基本要素构成，各要素之间具有内在的相互依存、相互作用、相互影响的有机联系。结合生态补偿的基本内涵和实践原则，从旅游生态环境功能维护与价值提升的角度出发，探讨旅游生态补偿关系域中的基本要素构成、性质及其相互关系特征等，有助于建立旅游生态补偿的基本理论框架，实践中也可帮助明确旅游生态补偿的实施范围，确立合理的补偿途径和方式，达到旅游生态补偿顺利实施的目的。

1. 补偿客体

补偿的自然语义总是针对特定的损失性境遇而言的，而且该损失性境遇总是发生于由一定的当事人或关系方组成的补偿关系域之中。法律关系的客体一般指不同法律关系主体的权利和义务共同指向的对象。在旅游发展过程中，相关利益主体所受到的与生态利益相关的损失性境遇，较大程度上体现了不同利益主体之间围绕生态资源利用的权利义务关系，因此可以将其视为旅游生态补偿客体。

张一群和杨桂华（2012）指出，对旅游生态补偿具体损失性境遇的分析，应落脚于在旅游发展过程中，与生态利益相关的哪些方面受到了何种损失。结合旅游生态学、生态经济学及旅游环境影响的相关研究，以及现实中旅游发展的实际案例，可以将旅游生态补偿涉及的损失性境遇归纳为三个基本方面：一是在旅游开发和经营过程中，旅游业所利用或依赖的旅游地生态资源与环境受到的损耗及破坏；二是旅游地生态资源所有权或使用权人相关权利的行使被旅游业发展所限制、剥夺而产生的损失；三是有关单位和个人为旅游地生态保护和环境建设所付出的成本或损失的利益。这三个方面也是实践中旅游生态补偿客体的基本体现。需要指出的是，不同地域、不同性质的旅游开发和经营活动，往往会形成差异化的损失性境遇，即旅游生态补偿客体。因此，对相关实践中所存在的旅游生态补偿客体的客观分析和把握，有助于对相关地域旅游生态补偿关系域的合理界定以及补偿主体、对象等的选择。

2. 补偿主体

生态补偿主体是指在补偿经济活动中既具有享受外部经济的权利，又承担补偿义务的自然人、法人或国家。根据"妥益者付费、破坏者赔偿、保护者获益"的生态补偿基本原则，旅游发展过程中的生态利益获得者，以及通过自身行为对生态资源与环境造成损耗或破坏的相关方，应当作为旅游生态补偿主体而对旅游生态利益受损的相对方进行补偿。从这个意义上来看，旅游开发和经营者、旅游者、地方政府及其相关管理部门等利益相关者应成为旅游生态补偿的主要责任主体。原因在于，一方面旅游开发和经营者利用旅游地生态资源获得可观的旅游经济效益，而旅游者则依托旅游生态资源与环境满足其旅游体验的需求，他们均属于旅游地生态系统服务价值和生态效益的受益者；另一方面，不合理的旅游开发经营方式、不文明的旅游行为方式，又会使这两类主体成为旅游地生态环境的破坏者。地方政府及其相关管理部门作为公共生态资源的管理者、生态环境的维护者和生态利益的提供者，不仅在现有区域生态补偿格局中扮演着关键角色，在旅游资源开发方面也往往具有举足轻重的作用。尤其是对公共资源类旅游景区的控制权和收益权方面，地方政府多已进入相应的利益范围；另外，不科学的旅游发展决策、不恰当的旅游开发监管等，也会导致旅游地生态环境遭破坏或相关主体（如社区居民）的生态利益受损。为此，地方政府及相关管理部门应将维持旅游资源的生态价值以及相关主体生态利益分配的公平合理性当成一项非盈利的公共服务行为，自觉承担起旅游生态补偿责任主体的角色。

此外，一些自愿承担旅游地生态保护责任的社会团体〔如环境保护（环保）组织、慈善基金会等〕或个人（包括环保主义者、社区居民等），常常通过非盈利、公益性的宣传、捐赠、劳动、培训等活动形式参与旅游地生态资源保护、生态环境建设、社区扶贫发展等，其体现自身生态和社会责任的行为也能对旅游地生态系统产生正外部性，因此也可视为旅游生态补偿的主体之一，属于非责任主体范畴。

3. 补偿对象

从补偿对象来看，生态补偿一般包括对自然环境的补偿和对人的补偿这两个方面。根据生态补偿的基本内涵和原则，结合旅游开发和经营实践中所形成的各种损失性境遇情况，可将以下三类主体确定为旅游生态补偿的主要对象：第一类补偿对象为旅游地生态资源与环境。生态资源与环境是旅游项目建设及旅游活动开展所依存的物质环境基础，往往也是重要的旅游吸引物，其既可提供旅游系统可持续发展所需的生态服务价值及功能效益，也是旅游系统运营管理所产生损耗和破坏行为后果的承受主体，因此，其应当成为旅游生态补偿的重点对象。第二类补偿对象是因旅游发展而遭受生态权利或利益损失的相关主体。实践中，此类对象主要为长期依托当地生态资源与环境而繁衍生息的社区居民。考虑到外部力量主导的旅游开发容易导致居民传统的自然资源利用权力受到剥夺、生产生活方式受到限制等损失性境遇，将社区居民视为旅游生态补偿重要对象并通过相应补偿手段保障其合理生态权益、拓展其参与旅游发展的渠道和方式等，既可协调社区居民与外来旅游开发和经营者之间的利益矛盾，又可增强其与旅游业融合发展的自身机能。第三类补偿对象是通过非自身职责范围内的行为客观上对旅游地生态环境作出贡献的集体和个人。主要包括通过公益性的宣传、捐赠、劳动、培训等活动参与旅游地生态建设的各类社会组织、环保主义者等。尽管这些组织和个人实施生态保护和建设的初衷不一定是为了发展旅游业，但其在生态保护和环境建设过程中往往会付出相关成本或损失相应利益，其行为在客观上能为旅游生态环境功能的维护与提升作出贡献，因此也应适当地得到旅游生态利益获得者的补偿。此外，作为当地生态资源的传统使用者、守护者和管理者的社区居民，在日常生活中也常常会通过其有意或无意的个体或集体行为进行旅游地生态资源与环境的保护和建设，因此也属于此类补偿对象的范畴。

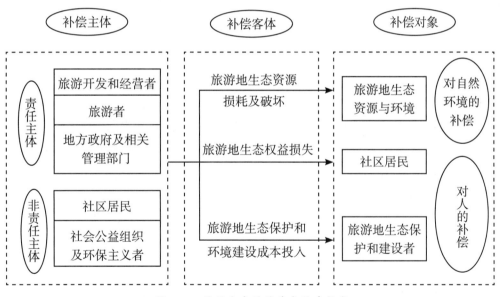

图 3-6　旅游生态补偿基本要素构成

旅游生态补偿客体、主体和对象等补偿关系域中的基本要素构成及其相互联系情况如图 3-6 所示。其中值得一提的是，社区居民以及一些公益性的社会组织和环保主义者，在旅游生态补偿关系域中往往体现出补偿主体和对象的角色双重性，这主要是由于在旅游发展背景下，其主体性质的多元性及其行为效应与相关主体生态利益的关联性所决定的。突出其旅游生态补偿主体的角色，有助于强化其旅游生态环境保护的意识和行为；而强调其旅游生态补偿对象的角色，则可对其旅游生态保护意识行为形成合理有效的激励，提升当地旅游业发展的内生动力。

4. 补偿范围

旅游生态补偿的范围是指旅游生态补偿制度及行为的具体适用场合。李亚娟等（2010）认为补偿范围不仅包括以自然资源为依托的旅游目的地，也包括人文旅游景点；不仅有自然资源方面的补偿，也包括人文资源方面的补偿。张一群和杨桂华（2012）则认为，按照生态补偿的本义，旅游生态补偿中的"生态"一般指传统意义上的"自然生态"，因此旅游生态补偿的范围只限定于自然旅游地，对于主题乐园等完全人造的旅游景区而言，则不存在旅游生态补偿的问题。

本书认为，确定旅游生态补偿的范围，除了应着眼于旅游景区及其资源的性质外，更要考虑在区域旅游发展过程中，相关主体的旅游开发和经营活动是否在生态利益层面对其他主体形成相应的损失性境遇，以及这些损失性境遇涉及的范围、表现的形式及程度等。尽管当前旅游开发、经营和管理所涉及的范围越来越广泛，旅游项目和活动类型也越来越多样化，但并非所有的旅游发展区域、所有旅游开发和经营活动都会导致生态利益层面的损失性境遇。因此，实践中不能将旅游生态补偿的范围任意延伸或拓展，在研究方面也应注意避免旅游生态补偿概念泛化的问题。

（二）国家公园旅游生态补偿的内容实质

生态补偿不仅包括对损害资源环境的行为进行收费，也包括对保护资源环境的行为进行补偿。这是学界在生态补偿内容实质方面已取得的基本共识。在旅游发展过程中，与旅游地生态环境相关的活动既存在损害性的行为，也存在保护性的行为。因此，作为生态补偿的一个重要领域，旅游生态补偿也应具有相近的内容实质。从外部性理论角度来说，其既包括对旅游开发利用负外部性行为的惩罚，也包括对旅游开发利用正外部性行为的激励。

1. 对旅游开发利用负外部性行为的惩罚

不合理的旅游开发利用活动往往会对旅游地生态资源与环境产生一定程度的损耗和破坏，并使得资源保护管理者、社区居民等利益相关主体以及旅游开发利用者（旅游开发和经营者、游客等）不得不承担这些活动产生的负面效应，即旅游发展的负外部性。如果这些不合理的旅游开发利用行为所产生的负外部性没有得到及时有效的纠正，则其对旅游地资源与环境产生的负面影响就会进一步加剧，继而导致相关群体利益受损的深度和广度进一步提高。为此，通过相应的制度安排，促使相关主体为其不合理的旅游开发利用活动造成的资源环境损耗和破坏进行赔偿，既体现了对旅游发展过程中负外部性行为的惩罚，也是旅游生态补偿的应有之义。

2. 对旅游开发利用正外部性行为的激励

近十几年来的实践动态显示，生态补偿正逐渐由惩治负环境外部性（环境破坏）行为转向激励正环境外部性（生态保护）行为。在旅游开发和经营过程中，旅游地资源保护管理者、社区居民以及其他生态保护和建设者等主体的生态保护行为（如当地社区居民自发的巡山活动，放弃打猎、放牧等资源依赖性生计方式的行为）具有正外部性，其不仅能使旅游开发和经营者受益，也使得游客从中受益，而游客受益可以通过其旅游消费行为来体现。如果旅游地相关主体的生态保护行为没有得到合理的补偿和激励，客观上会导致这种保护行为被忽视而逐渐减少，并容易引发这些相关主体与旅游开发经营者之间的利益矛盾，从而不利于旅游业与生态保护、社区建设等事业的协调互动发展。为此，因旅游生态资源环境得到他人保护和管理而从中受益的主体，就有责任和义务实施相应的价值支付行为，对于为保护旅游地资源环境而投入资金、人力和物力等成本或牺牲自身正当权益的群体及其行为给予适当的补偿。

无论是对旅游开发利用过程中负外部性行为的惩罚，还是对正外部性行为的激励，其实质都是通过相应的经济手段，合理调节旅游发展所涉及相关主体之间的生态和经济利益关系，促进旅游开发利用行为外部性的内部化，其根本目的都在于促使旅游资源得到合理、有效的利用，旅游地生态系统的服务功能获得持续的维护和提升，最终实现旅游业与生态保护和地方经济、社会的协调可持续发展。

（三）国家公园旅游生态补偿的目标层次

根据补偿实施的对象属性，可将旅游生态补偿的范畴划分为两个方面：一是对自然环境的补偿；二是对人的补偿。前者体现的是旅游发展背景下有关主体（生态资源开发利用者、保护管理者等）与自然生态系统的权利义务关系，后者则反映了围绕旅游生态资源开发利用的不同利益主体之间的权利义务关系。每个方面的补偿都有其相应的目标层次，即对自然环境的补偿属于物质层面的补偿，对人的补偿属于价值层面的补偿。

1. 对自然环境——物质层面的补偿

针对自然环境的旅游生态补偿，是指在旅游发展过程中，对受到旅游生产和消费活动负外部性影响的生态资源与环境进行保护，对遭到破坏、通过自然补偿无法还原其服务功能的生态系统进行恢复与重建，以促使生态系统的自我调节与自组织能力朝有序的方向进行演化。此方面补偿的直接目的在于维护和提升旅游地自然生态系统在保护、科研、教育、游憩等方面的多种服务功能，其表征为相关保护主体通过生物措施、工程措施等进行的植被保护、生态修复、生态环保设施建设及其他生态维护管理活动等。从内容属性来看，此类补偿的实质为"人—物"或"物—物"的相互关系，属于物质层面的补偿。从补偿目的及要求来看，该层面的旅游生态补偿实施应遵循以下标准：是否符合旅游地生态系统健康维护及发展的需要，是否与生态系统的自然特性与生态属性相匹配，是否能维持和增强自然生态系统对旅游发展的支持能力，等等。同时，作为生态系统外部补偿的一种途径，其应保持与生态系统内部补偿（即自然生态系统遭受外界活动干扰、破坏后的自我调节和恢复的能力）之间的平衡关系。

2.对人——价值层面的补偿

针对人的旅游生态补偿，是指有关补偿主体利用一定环境经济手段，对于因旅游发展需要而使传统资源利用权力和方式受到限制或剥夺的社区居民，以及其他对旅游生态环境保护和建设有贡献的集体或个人而实施的补偿。从内容属性来看，此方面补偿的直接目的在于调节围绕旅游地生态资源利用而产生的利益关系，纠正旅游生态资源利用过程中的不公正现象并对各种旅游生态保护行为形成激励，因此其实质为"人—人"的相互关系，属于价值层面的补偿。基于补偿的实施目的及要求，该层面旅游生态补给制度的设计应当遵循以下标准：即是否能够推进相关主体在旅游发展中的生态和经济利益关系协调，使得从事生态资源与环境保护的各类主体有动力继续或更好地提供旅游发展所需的生态环境效益。

就旅游生态补偿目标的实质而言，对人的补偿最终还是为了实现对自然环境的补偿。当旅游地社区居民等生态资源的产权所有人或使用者获得相应补偿后，将通过限制其自身传统的资源依赖型生产生活方式来降低或消除对生态环境的影响，并最终体现为对生态系统和服务功能的补偿；而旅游生态保护和建设者也能依靠相关补偿而弥补其保护投入成本并获得良好的激励，从而以更大热情投入到旅游地生态环境保护和建设活动中。因此，实践中应做到价值和物质两个层面的补偿并举，并以物质层面的补偿为指归。这样不仅有助于将旅游生态补偿与其他形形色色的各种旅游经济补偿区别开来，而且可以检验关于旅游生态补偿的各种制度设计是否有利于其最终目标的实现。

（四）国家公园旅游生态补偿途径

按实施载体类型划分，生态补偿一般可分为资金补偿、实物补偿、政策补偿、智力补偿、项目补偿等方式。在现有的旅游生态补偿实践中，资金补偿是最常见的补偿方式，而以生产生活物资提供为形式的实物补偿，以知识、技术、管理要素输入为特征的智力补偿，以及补偿主体为补偿对象提供其发展所需的相关政策条件，在受偿区域实施相关工程或服务类项目的开发建设等，对于弥补有关受偿对象在旅游开发和经营背景下的损失性境遇而言，能产生不同的现实意义。有针对地选择和实施这些功能差异化的补偿手段，可增强旅游生态补偿机制的灵活性和有效性。

1. 资金补偿

在现有的生态补偿实践中，资金补偿是最常见的补偿方式，包括补偿金支付、社会赠款、公共补贴、财政转移支付等形式。对于旅游生态补偿来说，资金补偿也是最普遍、最直接的补偿方式。作为一种以货币为载体的价值补偿形式，资金补偿能在相对较短的时间内实现补偿主体和补偿对象之间以生态利益转让为实质的价值转移，达到迅速调节供需双方矛盾关系的明显效果；同时，其适用范围广泛，既可用于旅游地自然资源与环境的生态服务功能的市场价值补偿，也可用于当地居民因外部旅游开发和经营管理所造成的生态权益损失和发展机会成本丧失的价值补偿，还能用于有关单位和个人在旅游生态环境保护和建设过程中所投入成本的价值补偿。

旅游生态补偿领域的资金补偿可基本沿袭现有生态补偿实践中资金补偿的常用形式，但两者的主要区别在于，资金形式的旅游生态补偿更多地体现为市场化形式。尤其对于以旅游企业为主体的、较普遍的盈利型旅游开发经营活动来说，其资金补偿主要为（旅游企业对补偿对象的）补偿金支付形式；而公共补贴、财政转移支付等资金补偿形式一般仅适用于非盈利性质的旅游项目建设（如实行免票制的公共福利型景区）。

在旅游生态补偿过程中，资金补偿能使受偿者得到最直接的激励，增强其主动或被动实施旅游生态环境保护行为的积极性。但由于经营绩效、管理体制等，也容易出现资金发放不到位、补偿资金被滥用等情况，从而影响到补偿的效果。

2. 实物补偿

实物形式的旅游生态补偿，是指补偿实施主体结合受补偿者在生产生活领域的实际需求，通过为其提供相应的生产和生活资料等物质补贴的方式，达到增强受补偿者的生产能力，或改善其生活状况的效果。例如，对受偿社区居民提供的实物补偿，应当包括其原有生产方式受到外部旅游开发经营活动限制后，为维持新的生计所需的土地、生产设备、能源等生产要素，以及粮食等生活必需品。从社区整体发展的角度来说，水电、交通、通信、医疗、环卫等公共设施也应列入实物补偿的范畴；而对旅游生态保护和建设者的实物补偿，则应以其开展旅游地自然资源保护和生态环境建设活动所需的设施设备为主，如垃圾收集和运输设备、污水处理设施、植被灌溉设施、环境监测仪器等。

直接提供实物的补偿方式有利于提高物质资料的使用效率，其不仅能满足受偿主体对相关生产和生活要素的现实需求，改善其生产和生活条件，还可将有关物质资料直接使用于生态资源与环境保护活动中，弥补因资金补偿不足或补偿资金被滥用而使得旅游生态补偿工作目标难以实现的缺陷。同时，与资金补偿方式相比，提供实物补偿的补偿主体来源更加广泛，既包括旅游地或相关区域的地方政府、相关管理部门、旅游开发商、旅游经营企业，还包括支持旅游地生态保护和建设的一些环保组织、慈善基金会、环保志愿者等社会团体或个人。

3.智力补偿

知识、技术、管理等智力要素作为生产力提升的关键要素，对社会经济各产业领域的增长质量具有越来越突出的作用。在旅游生态补偿领域，智力补偿也可成为促进补偿对象生产能力有效提高的一种补偿方式。智力补偿可由旅游地地方政府、相关管理部门、旅游开发和经营企业、生态保护组织等补偿主体组织有关领域的专家或培训人员，通过举办知识讲座、开设培训班、开展现场咨询活动、建设信息共享平台等多种方式进行。一方面，对直接从事旅游地生态保护和环境建设的有关单位和个人等补偿对象，开展相关技术咨询和培训指导，培养一批旅游生态保护、建设和管理的专业人才；另一方面，结合受偿社区居民在外部旅游开发和经营管理背景下的生计发展需求，对其开展定期或不定期的免费教育培训活动，包括旅游从业技能培训，旅游特许经营项目的服务经营和管理培训，以及从事其他替代性产业发展的能力培训等；同时，对社区居民进行专门化或渗透式的生态环境保护教育，促进其生态环保意识与能力的不断提升；此外，还可通过组织支教、捐资助学等活动开展，对当地社区教育事业进行扶持。与资金补偿、实物补偿等能产生显性效应的旅游生态补偿方式相比，以知识、技术、管理等要素为特征的智力补偿在弥补受偿对象的损失性境遇方面，具有载体无形性、效果间接性、影响长效性等特征。但是，这种补偿方式具有促进受偿对象的文化素养、生产技术水平、经营管理能力和环境保护意识等多重内在素质获得提升的功效，有利于帮助受偿者构建稳固的自我发展机制，满足其更高层次的发展需求。

4.政策补偿

政策补偿是指补偿主体为补偿对象提供其面临损失性境遇时所需的相关政策条件，使其通过这些政策条件获得相应的生产、生活等便利和机会的一种补偿方式。在旅游生态补偿领域，有关补偿主体应根据旅游地自然生态环境、社区居民及生态保护和建设者等受偿对象的现实状况和发展需求，分别制订和实施有针对性的政策制度。例如，根据旅游地自然资源与环境的可持续发展要求，除了制订实施严格的生态环境保护政策外，还应建立旅游生态环境保护的公共财政制度，推行旅游生态环境税费政策、清洁能源开发政策等。对于传统生计受影响的社区居民的政策补偿可分为两个层面：一是基本保障层面，即以受偿社区现有的居民基本社会保险制度为基础，实施以旅游经济效益为依托的居民基本生活保障、养老保险、医疗保险、失业保险等政策，进一步拓展居民基本生活保障来源；二是提升发展层面，包括实施积极的就业引导政策、教育扶持政策、旅游项目特许经营政策，以及可帮助居民发展其他替代性产业的相关优惠政策。对于从事旅游地生态保护和建设的相关单位和个人这一类补偿对象，则可通过一些激励性的政策制度安排，对其保护行为进行支持和补偿，包括制定实施旅游地生态资源利用与环境保护的市场化政策、产业化政策，并根据其生态保护和建设项目的投入产出等情况，分别从土地、人才、资金、信贷、税收等方面给予相应的政策优惠。

对于旅游生态补偿主体来说，政策补偿可拓展其补偿工作的内容，成为其优化配置和利用补偿资源的重要手段，尤其在相关补偿主体的经济基础薄弱，资金、实物和智力等补偿资源供给不足的情况下，这种方式能通过激励性制度资源的提供，有效地调节相关主体之间围绕旅游开发和经营管理而产生的生态和经济利益矛盾。对于社区居民，生态保护和建设者等旅游生态补偿对象而言，政治补偿有助于从制度、心理等层面增加其获取与旅游业互动发展权力的机会，实现其与相关补偿主体之间的生态利益分配的公平正义，从而激发其更好、更持久地保护旅游地生态环境的积极性。

5. 项目补偿

项目补偿指的是补偿主体通过在受偿区域实施相关工程或服务类项目的开发建设，以此满足相关主体受偿需求的行为。在国内外旅游生态补偿实践中，项目补偿已逐渐成为许多补偿主体较为注重能产生良好的保护和发展及促进效应的一种补偿方式。具体来说，针对旅游地自然生态环境的项目补偿，主要是以保护、恢复和提升自然资源与环境的生态服务功能为目的，依托旅游开发和经营产生的效益，投入相应资金、人力和设施等要素而建设的生态保护工程项目，如植树造林工程、湿地恢复工程、生态廊道建设项目、野生动植物保护监测项目等。针对受偿社区居民的项目补偿，主要是根据其在旅游业发展背景下的自我发展机制构建需求，着眼于其生产生活条件、公共建设水平、生态环保意识和能力提升而依托旅游业发展进行的相关项目建设，如社区旅游特许经营项目、居民参股的合资合作型旅游经营项目、（水电、交通、通信等）公共服务建设项目、清洁能源开发项目（如沼气池）、集体林地建设项目、农特产品加工服务项目等。对于在旅游地开展生态保护和建设活动的集体和个人来说，地方政府、相关管理部门、旅游开发商和经营企业等补偿主体可通过一些配套化项目（如技术培训项目等）的投入建设，对其开展的公益性或市场化的生态资源保护和环境建设行为进行支持和激励。

与资金、实物等形式的补偿手段相比，项目化的旅游生态补偿可在一定程度上帮助受偿对象解决发展载体缺失或不足的问题，为其奠定实现自身生态或经济、社会可持续发展的良好基石；同时，所用于补偿的项目多具有良好的社会参与功能和产业拉动效应，从长远角度来看，能为受偿地区创造更多的生态、经济效益及社会福利。从这个意义上说，项目补偿的作用将远远超出所用于实施补偿的项目本身。

第四章 云南省国家公园的试点建设情况

一、滇西北高山高原地区国家公园

（一）普达措国家公园

1. 概　况

香格里拉普达措国家公园位于云南省西北部香格里拉市东部，距县城25千米，交通便利。该区域主要覆盖碧塔海省级自然保护区（碧塔海也是国际重要湿地）、树渡湖风景区及其周边的尼鲁河上游，位于"三江并流"世界自然遗产地。

（1）典型的地质地貌特征

香格里拉普达措国家公园位于青藏高原东南缘横断山脉中部和西部，松潘—甘孜褶皱系中甸褶皱带云岭山脉中部。它由起伏的残余高原和山脉组成。强烈的区域性隆升和断裂活动，以及流水、湖泊、冰川等外力地质作用共同塑造了本区高海拔（多在3000米以上）和相对高差较小的山脉—盆地地貌形态。

（2）高原气候明显

区内春夏短，秋冬长。年平均气温5.4℃，最热月份（7月）平均气温13.3℃，最冷月份（1月）平均气温–3.6℃，日温差大（平均20℃）。降水集中在6—9月，10月底首次降雪，4月底最后一次降雪。全年盛行西南风，冬春两季阳光充足，日照时数占全年日照时数的69%。夏季和秋季降水相对丰富，占全年降水量的80%～90%。

（3）生态环境优越

香格里拉普达措国家公园是一个原始生态环境保存较为完好的区域。主要景观有高山和亚高山低温针叶林生态系统、高山和高原下草甸、沼泽生态系统、高原湖泊和湿地生态系统。山坡区主要由乔木林和灌丛组成，缓坡和坝区由灌丛和草地、亚高山草甸、沼泽草甸和湖泊组成。

（4）动植物类型多样，具有良好的保护和观赏价值

园内原始生态环境保存完好，内有滇金丝猴、赤麻鸭、龙胆花和报春花等珍稀动植物。公园地处金沙江流域，属寒温带型高原季风气候。有高原面、山地、河谷等七种地貌类型，地势东南高，西北低，海拔跨度大。普达措国家公园共有 17 类森林植被类型，5 类灌丛植被，3 类草甸植被，维管束植物 166 科 624 属 1848 种。公园内以长苞冷杉为主要植被类型，根据不同的海拔分布着杜鹃、箭竹、林芝云杉等。草甸主要为蒿草草甸，水生植被主要为香满群落、狐尾群落、梅花藻群落等。普达措国家公园内的动物资源丰富，公园内共记录兽类 8 目 23 科 74 种、鸟类 19 目 58 科 297 种、爬行类 2 目 5 科 11 种、两栖动物 2 目 5 科 13 种、土著鱼类 17 种。公园内有部分经济动物和观赏性动物，主要有黑熊、藏鼠兔、赔鼠等。有高观赏价值的鹦鹉与多种画眉鸟。

2. 建设历程

香格里拉普达措国家公园的建设是香格里拉国家公园体系建设的第一步。1998 年 6 月，云南省政府与美国自然保护协会签署了《关于在滇西北大江流域国家公园项目建设的合作备忘录》，希望达到保护当地自然生态环境和生物多样性，审慎合理开发当地资源，保护少数民族传统文化，并通过项目研究和实施，帮助当地人民摆脱贫困。并建立中国人居环境可持续发展示范区，作为云南、中国乃至亚洲其他国家和地区可持续发展的典范。迪庆藏族自治州政府率先推动香格里拉国家公园的发展。2005 年，国家公园示范区普达措国家公园开工建设。2006 年 8 月 1 日，香格里拉普达措国家公园开始试运行。2007 年 6 月，香格里拉普达措国家公园正式成立。香格里拉普达措国家公园作为香格里拉国家公园建设的先锋队，发挥着试点示范作用。

3. 生态系统多样性

香格里拉普达索国家公园植被类型依次被海拔垂直变化所取代，垂直波段具有明显的频谱分布，但也有明显的季节变化。

（1）高山和亚高山低温原始针叶林生态系统

碧塔海省级自然保护区最大的分布区是以云杉林为代表的低温针叶林，主要分布在海拔 3200～4000 米范围内，基本保持原始状态：落叶阔叶林面积小，次生性质明显，主要是部分云杉林被破坏后形成了以白桦、白杨为先锋物种的过渡性次生植被。

（2）高山、亚高山草甸和沼泽草甸湿地生态系统

草甸和沼泽草甸是香格里拉普达措国家公园的重要组成部分和植被类型。它们起着连接高山森林生态系统和湖泊水生生态系统的作用，起着过滤净化湖泊水源的作用。同时，它们也是许多野生动植物的繁殖地和越冬地，尤其是珍稀水禽。这里也是黑颈鹤的理想越冬地。

（3）高原湖泊水生生态系统

比塔海和根都湖位于该地区的核心，是该地区的关键生态系统。它们在整个高原湖泊湿地生态系统的物质循环和能量流动，以及维持水生生物多样性和区域生态系统的平衡稳定方面发挥着非常重要的作用。也是滇西北生态旅游资源的精华所在。生态系统结构和功能的完整性对于维护区域生物多样性和生态旅游的可持续发展具有不可替代的作用。

4. 景观多样性

河流、湖泊、草甸、沼泽、水域、山地共同构成了复杂多样的景观类型，在植被组成上分为高寒寒暖草甸和耐寒草甸生物地理群景观，高原沼泽草甸和耐寒草甸动物地理群景观，高寒寒暖针叶林和耐寒森林动物景观，高山，冰害，冰蚀，湖泊和湿地生物地理的景观。

5. 文化资源特征

（1）横断山多元文化特色

香格里拉普达措国家公园所在的云南省横断山区，是白族、彝族、藏族、傈僳族、纳西族、怒族、独龙族、普米族、回族、傣族、佤族等少数民族的聚居地。由于横断山相对封闭的地形，在漫长的历史中，这些民族的社会发展水平差异很大，包括从早期母系氏族社会到前资本主义社会的各种社会形态，形成了人类社会发展史上一个活生生的展厅。滇西北横断山地区的民族多样性和民族社会发展水平，形成了民族社会文化多样性。

（2）独特的自然生物多样性和环境保护生态观

香格里拉普达措国家公园居民的主要宗教是藏传佛教，它将奉教的"万物有灵论"与佛教的"灵魂不灭"观念相结合，赋予自然一定的生命象征，形成对某些特殊山川的神一般的敬畏和崇拜，倡导人类服从自然、尊重自然的关系。这种朴素的环境观形成了其独特的保护自然生物多样性和整个环境的生态观。

①保护植物

大大小小的"自然保护区"广泛分布在国家公园内，是众多物种的"保护区"和"基因库"，在保持水土、保护水源等方面对维护整个国家公园内的生态系统发挥着重要作用。

②保护动物

香格里拉的生态环境保护得非常好，这和藏传佛教的教义有很大关系。藏传佛教非常重视在人与自然的和谐。藏族不吃鱼的习俗促进了对水生生物的保护。藏传佛教"十戒"的第一条就是不杀生。藏传佛教认为，人是生物的一种，是生命轮回的一环，与众生平等相处，不能以自己的需要去判断其他生命存在的意义。这些戒律已经由强制变为内化，成为藏传佛教影响下的香格里拉人民本能的思想和行动。香格里拉脆弱的生态系统就是这样得到了最大限度的保护。

（3）生物资源利用

西藏人民在长期的生产实践中，积累了丰富的利用当地动植物和生态系统的技能、经验和知识，并建立了独特的生物命名体系。西藏丰富的生物多样性知识主要体现在医学上。藏药具有明显的藏族文化特色。迄今已形成庞大的药材文库，其中植物药191科692属2085种，动物药57科111属159种，矿物药80余种。此外，藏民还积累了大量利用野菜、水果、菌类的知识。正是因为这些生物资源与藏族人民的生活密切相关，所以一直处于可持续利用的状态。

6. 遗传多样性

有一些独特或珍稀濒临灭绝的动植物资源，如以裂腹鱼和双唇鱼为代表的高原珍稀特有鱼类，是本地区具有巨大经济发展潜力的独特种质资源。

7. 香格里拉普达措国家公园的保护对象

根据香格里拉普达措国家公园环境保护的原则，主要的保护对象为：

①以碧塔海为核心的高原内陆断陷湖泊、湖滨沼泽化草甸湿地生态系统、水生植物群落及其水生生物多样性特征。

②以中甸叶须鱼、格咱叶须鱼和油麦吊云杉、松茸等为代表的滇西北高山、亚高山珍稀濒危特有动植物种类及其生境。

③以国家重点保护的黑颈鹤、中华秋沙鸭为代表的珍稀越冬水禽和迁飞过境停歇候鸟及其栖息地。

④滇西北纵向岭谷区典型的和具有代表性的高山、亚高山寒温性生物地理景观及其丰富的自然资源与脆弱的高寒森林生态系统。

⑤以油麦吊云杉和中甸冷杉为标志的原始亚高山寒温性针叶林及其森林生物多样性特征。

8. 自然景观保护和展示

普达措国家公园自然景观主要以碧塔海、属都湖和弥里塘亚高山牧场为主要组成部分。

（1）属都湖

属都湖是公园主要景区重要组成部分，距香格里拉市约40千米，是香格里拉市最大的湖泊之一，为"国际重要湿地"。"属都"在藏语中意为奶酪如同石头一样结实。属都湖水域面积较大，其生态系统集高原湖泊、沼泽化草甸、原始暗针叶林植被于一身，珍稀动植物资源十分丰富，湖中盛产"属都裂腹鱼"，鱼身金黄，腹部有一条裂纹，鱼肉细腻鲜美。湖上还栖息着大量的野鸭、黄鸭等飞禽。属都湖有全长3.3千米的属都湖南岸木栈道、全长2.2千米的属都岗河沿河生态徒步体验线路和全长3千米的属都湖北岸藏族原始游牧部落文化体验线路，共3条路线。

（2）碧塔海

碧塔海是公园内主要景区之一，是省级自然保护区、国际重要的高原淡水湖泊湿地。该湿地生态系统和湖周围的森林、沼泽、草甸生态系统基本保持了原始状态，既是中甸叶须鱼等珍稀鱼类的栖息地，也为黑颈鹤等珍稀鸟类提供了停歇地和越冬地。"碧塔"在藏语中为"栎树成毡"的意思，其湖周边分布着大量的栎树林和原始森林，树影倒映湖中。碧塔海步行栈道长约4.4千米。

9.普达措国家公园生态旅游

普达措国家公园的产品设计以生态旅游产品为主，各项功能建设中应充分体现生态教育功能，每一项产品设计都充分考虑环境影响评价的论证，尽量避免对生态环境脆弱地区的影响，如碧塔海、属都湖湖区。大众生态旅游产品设计以线路为主，通过快速游览车道、慢速游览观景栈道和系列观景点的配置来实现游览功能；专业生态旅游产品以生态小道、自然道路为实现途径，只提供少量简易服务设施；度假产品应着眼于中高端市场，产品建设与当地藏族文化相适宜，并保持其生态性。

（1）大众生态旅游产品

大众生态旅游产品是香格里拉国家公园碧塔海片区的重点产品。主要产品类型包括湿地、高山草甸、高山森林风光深度观光旅游（认知旅游）。

通过系统的规划设计，形成良好的环境教育氛围；通过融入丰富的生态、环境、藏文化、生态文化的导游词的讲解，突出其生态教育和科普的功能。

（2）专业生态旅游产品

科学考察和科普教育游，香格里拉普达措国家公园拥有完整、独特的湿地生态系统和大面积的草甸，为黑颈鹤、赤麻鸭、麻鸭、海鸥等越冬鸟类提供理想的栖息地，具有重要的科研、科考和科普价值，适宜开展科考、科普旅游。

（3）生态休闲度假产品

普达措国家公园内的两大高原湖泊，属都湖和碧塔海湖水清澈，周边景色优美。高山草甸，风景优美，而且有水源，适宜建立度假设施；同时位于地基塘、属都湖、弥里塘交叉地带，有众多产品的支撑，可以在度假的同时，开展其他生态旅游活动，产品易于组合。

（4）藏文化体验旅游产品

以藏族风情为主题，以普达措国家公园内的藏族社区洛茸村为核心，建立藏族民居民俗体验中心，深度体验藏民族和民俗文化，依托藏民族文化露天博物馆，举办民族篝火歌舞表演，体验藏族生活，学习藏民族生态环境意识。

10. 普达措国家公园管理

充分发挥云南省独特的自然资源优势、民族文化优势和世界遗产的品牌优势，以习近平生态文明思想为指导，以规划为龙头，保护为前提，创新为动力，有效利用为切入点，促进地方经济社会可持续发展为宗旨，采取"管经分离、多方参与、分类管理、区域统筹"的模式，坚持"政府主导、企业主体、特许经营、市场运作"的方针，积极推进开放式、参与式、适应式的经营管理，广辟经费渠道，合理分配利益，先期在滇西北地区进行国家公园试点，在此基础上有重点、有计划、有步骤地在全省推广。力争到2015年，把国家公园建设成为"七彩云南、快乐天堂"中最具魅力的美景观光天堂、科考探险天堂和人文天堂，促成"生态保护、经济发展、社会进步"的多赢。

（1）管理与经营分离

改变以往多头经营与管理的状况，由国家公园管理局对园区实施统一管理、统一规划、统一保护和统一开发，理顺政府各相关部门对园区的管理和服务职责。管理局不直接参与园区内的经营活动，根据有关法律和规划对园区内的开发经营活动进行监督和宏观管理，行使保护自然生态资源的职责，并向群众提供宣传讲解、培训科普知识等方面的服务。园区内的开发经营活动采取委托经营和特许经营方式，严格实行经营权审批制度，控制开发类型和规模，有效制止过度开发和无序竞争，园区内从事经营活动的企业和个人，必须经国家公园管理局同意，办理相关手续后，在指定地点或规定区域内开展经营活动，避免对资源环境的破坏。

（2）多方参与建设管理

充分调动包括各级政府、民间组织、国内外机构、开发商及社区在内的社会各方面力量参与园区保护、建设、管理的积极性，兼顾各方利益，形成合力，争取最广泛的支持，实现保护与开发双赢目标。积极争取省建设厅、林业厅、国土资源厅及省环保局、旅游局等部门在政策上的支持和管理方面的指导；对于园区的保护、管理和资源利用，积极与省级有关部门进行沟通和协调，避免权力和责任在部门之间交叉，使国家公园建设管理中存在的困难和问题得到有效解决。积极争取州政府对园区建设和管理中有关问题的协调工作，帮助管理局向省和中央争取资金和政策支持，授权管理局对景区进行管理，并赋予管理局行使管理景区的各项管理职能。积极协调并取得县、乡政府及相关部门按照各自的职能配合支持管理局行使职责，促进景区的建设和发展。争取社会组织和国内外机构对景区提供技术、资金等支持。吸引开发商参与景区基础设施和服务设施的建设，并从中获得收益。红坡、尼汝和九龙等村委员会代表参与景区的民主管理，吸纳村民从事景区环境卫生、巡护及其他服务性工作。

（3）实行分区管理

根据国家公园内自然资源的稀缺性、承载力及保护价值等特点，将其划分为特别保护区、荒野区、户外游憩区、公园服务区和引导控制区等5个功能区，并采取不同的管理方式和管理政策。

- 特别保护区，禁止游客活动和旅游设施建设，在获得管理局批准后，在管理局严格监督下，仅提供有限的科学研究。

- 荒野区，只开展旅游、基础研究等与生态实践相应的活动，向游人提供少量户外休闲活动所必需的服务和简朴的自然设施外，禁止大规模开发。

- 户外游憩区，大众生态旅游带，为大众生态旅游用地，在环评基础上，适当建设观景点、停车场、休息点、游览观景栈道等。

- 景区服务区，环境影响微弱地区，适宜集中建设旅游接待设施，是游客活动集中区。

- 引导控制区，适宜于市场开发。初期在不同的区域分别采取巡视、处罚、雇佣看护员等进行管理。最终实现采用电子探头进行全程监控的管理。

（4）区域统筹发展

统筹考虑景区与社区之间的关系，建立"政府主导，联合企业，引进社会投资者，在村委员会统筹协调的基础上社区村民参与旅游发展"的机制。制定与国家公园区域内旅游活动相关的村规民约，村委会代表村民与管理局、园区经营公司和旅游开发商平等协商旅游活动相关事宜，组织村民参与景区经营管理活动，并引导村民公平、公正、合理、有序地开展旅游经营活动；管理局对国家公园内及附近村民进行有关旅游知识的教育培训，指导村民有组织地参与经营管理活动，提高社区村民的参与能力；管理局和各村村委会引导村民参与景区的保护管理，并通过参与景区内的旅游接待、环境卫生、护林、维护治安、生态保护、旅游纪念品出售、歌舞表演等工作，从中获取收益。

11.社区管理

（1）社区发展概况

香格里拉普达措国家公园范围内以及周边所涉及的社区分为3个行政村（红坡村、尼汝村和九龙村），22个自然村（生产队）、665户、3264人。其中，洛茸村处于现国家公园区域内，共33户，157人，均为藏族。社区居民大多为初中以下文化程度，且社区中能熟练使用汉语的居民仅占少数。位于国家公园周边的社区有11个，其中8个属于红坡村，3个属于尼汝村。由于碧塔海景区西线的开通，南线的游客急剧减少，红坡村的4个自然村的居民牵马的收入受到很大程度影响，现在，居民牵马的收入一年只有500元。社区居民的主要经济来源是以畜牧业为主，辅以松茸为主的非木材林产品。但由于海拔高、耕地少、产量低，广大农牧民生活水平较低，经济发展滞后。

在香格里拉这样的高寒山区，国家公园内社区生态旅游兼具双重责任，不仅为旅游者提供游憩和教育的机会，更重要的是在社区居民参与旅游发展的过程中分享旅游发展带来的经济繁荣，同时增强社区居民自身发展的能力。对普达措国家公园社区旅游规划将社区划分为居民生活空间、生产空间和自然保育空间，三个层次的划分更好地协调了社区保护与发展的矛盾：①生活空间，包括社区居民居住范围内的村寨区域，主要是社区居民完成其基本生活行为和经常性人际交往的空间。国家公园内社区生态旅游，通过深入挖掘乡村文化资源，原有生活空间成为具有参观、体验、食宿、娱乐和教育功能的综合性旅游服务区域。②生产空间，包括社区居民的农事劳作场所。从旅游开发的角度，生产空间能够成为旅游者深入了解农村生活的窗口，能够欣赏乡村田野风光、体验农事乐趣。③自然保育空间，是村寨农田周边的自然环境，包括附近的山峰、森林、湖泊和河流。在藏族社区的自然保护空间内往往都有神山、圣湖，它也是生态环境保存较好的区域。这一空间区域可以为旅游者提供生态教育、自然观光及生态体验。

（2）社区发展对策

①拓宽融资渠道，建立社区旅游发展资金

小额信贷作为一种有效的扶贫手段，被不同国际组织和机构广泛地运用在扶贫与发展项目中，在全国范围内很多贫困地区，小额信贷也因其扶贫到户的特点和对扶贫资金高效利用的机制，取得了很多的成功经验。同时，启动小额信贷项目也能为社区综合发展、环境保护以及启动社区参与旅游发展最大限度地筹措到资金。

②调整产业结构，实现社区经济、生活水平全面发展

目前社区主要产业为种植业和畜牧业，产业结构不合理，经济效益低下。通过旅游产业的发展，带动社区商业、服务业、交通运输业、建筑业、加工业等相应产业的发展，同时带来区域农业产品的特色化。发展生态旅游可以把农业的生态效益、民俗文化等无形产品转化成合理的经济收入，从而提高农业的综合效益。与旅游有关的农副产品、土特产品就地消费的特点还缩短了产销过程，促进乡镇企业的发展。通过开展生态旅游，使社区开放性得到增强，社区农户素质提高，有利于吸引投资，逐步缩小城乡差距，缓解城乡二元结构的刚性。

③启动社区旅游服务能力建设项目，提升社区居民参与能力

大部分社区居民，由于地处相对比较偏僻、封闭的山区，同时由于社区居民受教育程度的限制，目前还不具备顺利参与旅游接待服务的能力。因此，要由国家公园管理局牵头，启动保护区社区旅游服务能力建设项目，聘请旅游教育培训机构专门对保护区农户进行语言交流技能、导游讲解技能、烹饪技能、中小企业管理技能等方面的知识培训。

④通过国家公园建设，促进民族社区文化多样性保护和文化传承

多样性的文化是以多样性的环境为载体而存在和发展的，而文化的传承也是依赖于环境发生的。通过建立民族文化保护村，保护好其生产方式和生活风俗习惯的精华部分，包括婚嫁、服饰、丧葬等民族文化特色，成为当今保护文化多样性和传承民族优秀文化可选择的主要途径之一。

12.特许经营管理

为规范香格里拉普达措国家公园特许经营项目管理，鼓励和引导社会资本合理参与国家公园的保护与建设，发挥国家公园功能，香格里拉普达措国家公园实施特许经营项目及其监督管理。特许经营是指由省人民政府委托迪庆州人民政府按照市场配置资源的原则面向社会公开招标选择经营者，通过协议约定其在国家公园范围实施一定期限的经营服务项目，依法接受香格里拉普达措国家公园管理局监督管理，并支付特许经营费的行为。

（1）特许经营项目

国家公园特许项目的实施仅限于必要和适当的自然旅游、科学研究、教育、娱乐等商业服务，并确保其与保护重要生态系统和自然文化资源的目标相一致，从而促进国家公园资源的可持续利用。允许特许经营的服务项目包括：投资、建设、经营服务设施或者经营已建成的服务设施；销售商品或者租赁设备；提供休闲旅游、解说或经营户外运动项目；在社会资本参与下，提供自然教育、交通、医疗、卫生等服务；生产、销售带有国家公园标志的产品；其他利用国家公园资源开展商业服务的活动。国家公园门票、宗教活动不得列入特许经营项目。

特许经营费主要用于国家公园下列项目的拨款补助或者贷款贴息：生态保护补偿；公共基础设施建设和运营；重要生态系统和自然文化资源的保护管理；扶持国家公园内原住居民的发展；提升国家公园保护、科研、游憩、教育和社区发展功能迫切需要的支出项目；省人民政府规定的国家公园其他保护支出项目。

（2）监督与保障

国家公园主管部门组织对于拟实施特许的项目有关的国家公园重要生态系统和自然文化资源的基础状况和价值做出评估，作为授予特许、评价特许经营绩效和追究破坏资源与生态环境责任的依据。并对特许经营项目实施的规范性、特许经营费的缴纳和使用成效等工作进行监督。

省人民政府国家公园主管部门会同有关部门，确定国家公园特许经营项目绩效评价指标和方法。绩效评价等级分为合格、基本合格和不合格。香格里拉普达措国家公园管理局应当按年度对特许经营项目进行绩效评价，并将评价结果向社会公开。

国家公园访客针对特许经营项目经营服务质量的投诉率，以及社会公众意见应当纳为

绩效评价重要指标。省人民政府国家公园主管部门委托迪庆州林业局根据国家公园特许经营项目绩效评价结果，对特许经营范围内的森林、湿地等生态状况和资源现状进行年度核查，依法追究破坏生态和资源的违规违法行为。

社会公众有权对特许经营活动进行监督，向有关监管部门投诉，或者向香格里拉普达措国家公园管理局和特许经营者提出意见建议。行政机关及其工作人员不履行法定职责、干预特许经营者正常经营活动、徇私舞弊、滥用职权、玩忽职守的，或者造成国家公园资源、生态环境遭到破坏、国有资产损失的，依法给予行政处分并追究有关损害责任；构成犯罪的，依法追究刑事责任。

13.旅游生态补偿

普达措国家公园目前针对自然环境还没有建立常态化、稳定化的旅游生态补偿制度，但在社区居民的补偿方面已经制定了一套制度化的旅游补偿政策。

（1）对自然环境的补偿

目前，普达措国家公园针对自然环境的旅游生态补偿仅局限于旅游收入对公园内环保基础设施的建设、维护与日常管理工作的资金支持，如公园建设之初投入500万元左右的资金用于环保公厕、环保旅游观光车、太阳能发电系统等环保基础设施的建设，此后每年投入100万元左右的资金用于环保设施维护及护林防火。普达措国家公园的旅游收入中尚没有固定的比例用于生态保护，在对自然环境的补偿方面，普达措国家公园还没有建立常态化、稳定化的旅游生态补偿渠道。

（2）对社区居民的补偿

①补偿背景

长期以来，由于海拔较高，普达措区域生产生活条件恶劣，社会发展水平低下，畜牧、采集等传统生产方式对自然环境具有较强的依赖性。直到20世纪90年代，在"迪庆香格里拉"的强势旅游促销下，普达措区域游客量迅速上升，周边社区居民以牵马、烧烤、租衣照相等形式大量参与碧塔海及属都湖景区的旅游服务，社区居民收入大大增加，生活水平得以提高。普达措国家公园建立后，出于保护和规范管理的需要，社区居民的旅游经营服务项目被全面取消，其传统的生产生活方式也受到限制，为补偿社区居民损失及其对区域生态保护所作出的贡献，公园方采取了一系列措施，形成了社区生态补偿机制的初步框架。

②补偿主体与对象

普达措国家公园的社区生态补偿资金完全来自公园的旅游收入，可以认为公园的经营者——普达措旅业分公司和公园游憩体验的直接受用者——游客，是普达措国家公园社区生态补偿的主体。普达措国家公园社区生态补偿的对象为公园建设涉及的23个村民小组，共 758 户、3000 多人，分属 2 个乡镇、3 个村委会，有藏族、彝族两个民族。根据补偿标准的高低，受偿社区被分为一类、二类和三类区。

③补偿标准与形式

普达措国家公园社区生态补偿形式多样，不仅包括"输血式"的直接补偿。例如，为每人每户发放基本补偿金，为资源依赖型生计方式被取消的社区居民发放旅游经营服务项目补偿金；还包括如安置就业、特许经营、资助大学生、提升公共福利等"造血式"的间接补偿。

当前普达措国家公园社区生态补偿标准的制定并没有十分明确和科学的依据。在以社区居民的直接保护损失为主要依据的大原则下，一方面，参照丽江玉龙雪山景区的经验，制定了人均与户均的基本补偿标准；另一方面，结合不同社区居民遭受损失的具体情况，针对性地设置了旅游经营服务项目补偿、风景区征地补偿等补偿项，具体补偿额度是公园管理方与社区居民反复协商与博弈的结果；此外，公园管理方结合公园运营管理的实际需要，还为一些社区提供了村容环境整治、安置就业、基础设施建设等补偿资金，具体补偿额度主要由公园管理方根据工作需要确定。普达措国家公园社区生态补偿标准具有明显的差异化特征，不仅三类补偿区域之间有较大差别，即使在一类区、二类区内部，不同村民小组的补偿标准也会由于保护损失的不同而有所区别，见表 4-1。

④补偿的执行机制

为促进社区生态补偿的落实，相关部门做了大量工作：迪庆藏族自治州人民政府确定《普达措国家公园旅游反哺社区发展实施方案》，规定了补偿范围、补偿对象、补偿标准、补偿方式、补偿年限等问题，普达措国家公园管理局据此与每户签订补偿协议；成立了以香格里拉市人民政府牵头、建塘镇人民政府为主、普达措国家公园管理局协助的社区协调工作组，根据《迪庆藏族自治州人民政府办公室关于普达措国家公园旅游反哺社区补助资金方案的批复》，制定详细的责任分解表并开展工作。

从具体工作机制来看，迪庆藏族自治州旅游开发投资有限公司及其下属子公司——普达措旅业分公司是补偿资金的直接提供者，普达措国家公园管理局是社区生态补偿的推动与具体实施者，临时性质的社区协调工作组是社区生态补偿工作的协调者。迪庆藏族自治州旅游开发投资有限公司每年从普达措旅业分公司上交的旅游收入中划拨 470 万元左右的资金到普达措国家公园管理局账户，各种补偿款项由普达措国家公园管理局根据补偿协议直接发放到受偿社区家庭，以建设项目和安置就业形式提供的补偿则需要在普达措国家公园管理局的监督下，由普达措旅业分公司安排实施。

表 4-1　普达措国家公园社区生态补偿的标准与形式

受偿区域	行政范围	相对于普达措国家公园的位置	直接补偿	间接补偿
一类区	香格里拉市建塘镇红坡村的4个村民小组：洛茸、基吕、下浪、次吃顶；共108户，537人；均为藏族	一类区4个村在所有受偿社区中距离普达措国家公园最近	户均5000元/年＋人均2000元/年的基本补偿金；每年提供旅游经营服务项目补偿金，按户数均分	提供村民公园内就业岗位；为村镇高中至大学学生提供2000元/（人·年）至5000元/（人·年）的教育资助；投资村镇基础设施建设
二类区	①香格里拉市建塘镇红坡村的5个村民小组：吾日、浪顶、落东、扣许、崩加顶；共196户，1046人；均为藏族	分布于进出普达措国家公园的西线主干道两侧，与一类区相比，距离普达措国家公稍远	户均500元/年＋人均500元/年的基本补偿金；提供村容环境整治资金，按户数均分	为部分村民提供安置就业机会
	②香格里拉市洛吉乡九龙村的11个村民小组：九龙上村、九龙下村、高峰上组、高峰下组、联办等；共335户，1173人；均为彝族	位于普达措国家公园南部，距离普达措国家公园南线入口较近，但距离主入口和游客活动范围较远，与公园联系相对较弱		
三类区	香格里拉市洛吉乡尼汝村的3个村民小组：尼中、白中和普拉；共119户，650人；均为藏族	距离普达措国家公园最远，但位于香格里拉普达措国家公园总体规划范围内	户均300元/年＋人均300元/年的基本补偿金；每年提供村容环境整治资金，按户数均分	为部分村民提供安置就业机会

（二）梅里雪山国家公园

1. 概　况

梅里雪山位于云南省迪庆州德钦县境内，距县城约10千米，拟建立国家公园总面积约1000平方千米，占德钦县总面积的13.7%左右。梅里雪山地处"三江并流"世界自然遗产核心区和全球生物多样性热点区域，是香格里拉生态旅游区以及"茶马古道"的要冲。其主峰卡瓦格博峰海拔6740米，是云南省第一高峰。

（1）地质地貌独特险峻

梅里雪山地区地质构造位置是三江褶皱带核心区域，亚洲板块与印度板块碰撞遗迹带，古特提斯遗区，体现了"古、奇、幽、险、秀"的地质地貌景观。从世界范围内看，梅里雪山是"三江并流"世界遗产的模式地，全面系统地展现了世界自然遗产地的四条评判标准：特殊的自然地理区域，具有独特的生态系统组与正在进行的地球过程；代表地球特殊阶段的演化史；非同寻常的一流自然美；珍稀濒危生物特殊生态境保护地。

（2）植被类型

在云南植被区划中，梅里雪山地处青藏高原高寒植被区域，青藏高原东南部山地寒温性针叶林、草甸地带。由于极其特殊的地理环境、复杂的地质地貌、多样的气候类型，构成了梅里雪山风景名胜区植物种类繁多，植被类型多样的特点，按照《云南植被》的分类系统可分为9种植被型、13种植被亚型、32个群系，分别占云南植被型的75.0%、植被亚型的38.2%和群系的18.9%。值得重点保护的类型有针阔混交林、硬叶栎类林、黄杉林、落叶松林、云杉和冷杉林、藏柏林、沙棘林、高山灌丛和高山流石滩疏生植被。

（3）神秘悠远的民族宗教文化

梅里雪山是迪庆州藏文化最集中、最有代表性的区域，沉淀了极其丰厚的文化遗产：一是有流传千年的《格萨尔》；二是梅里雪山地区的弦子舞；三是内、外转经路线是整个卡瓦格博朝圣的最亮点；四是座座神峰都有其象征的佛陀、菩萨、神祇，活生生地展现在世人面前，使人们无不对其产生敬畏和崇拜。

以梅里雪山的雄奇和峻峭，结合藏传佛教的宗教崇拜，这里也如同拉萨等地的大寺院一样，吸引着千百万信教群众到这里朝圣，形成卡瓦格博"朝圣旅游"的文化背景。

2.建设历程

梅里雪山于2008年7月成立国家AAAA级景区，并于同年10月份正式开园，公园总面积为960平方千米，公园对外开放的景点有滇藏生态文化走廊景区金沙江大湾、飞来寺明珠拉卡景区、雾浓顶迎宾台景区、明永冰川景区、雨崩景区等。梅里雪山国家公园总体规划于2009年2月通过云南省人民政府批准，并2009年6月正式启动建设。云南省迪庆州政府与云南省旅游产业集团共同组建了德钦梅里雪山国家公园开发经营管理有限公司，筹集2亿元作为注册资本，合作开发梅里雪山国家公园，保护和建设目标为：一是保护冰川、高山流石滩等高山生态系统、寒温性针叶林等森林生态系统和珍稀濒危动植物；保护传统文化与圣迹。二是合理利用国家公园资源，开展宣教、科研和生态旅游活动，带动周边社区发展。

3. 重点保护对象

（1）生物垂直分带明显

梅里雪山自然生态植被特别完整，垂直生态系列十分明显。从澜沧江河谷（海拔2000米）到主峰卡瓦格博峰（海拔6740多米），海拔相对高差4000余米，共有亚热带干旱河谷、温带暖温带山地、寒温带亚高山、高山苔原、极高山冻原5个垂直气候带。随着气候条件的变化，植被类型依次表现为4个垂直生态系列，分别是亚热性干旱小叶灌丛带，暖温性半干旱灌丛及半湿润针阔混交林带，寒温性暗针叶林带，高山草甸灌丛亚带。在不到一个纬度的景区范围内包含了相当于北半球80%以上的水平带生态景观，由此而使这一景区的生物多样性程度特别高，这在世界同纬度地区是少见的。

（2）生物多样性程度高

梅里雪山所在区域被认为是世界上生物多样性最丰富的地区之一。梅里雪山地区有近2900种种子植物，相当于中国生物多样性最丰富地区西双版纳4000种种子植物的72%，相当于整个西藏自治区5000种种子植物的58%。这里有许多珍稀物种和古树种，这是梅里雪山的一大特色。如起源古老的裸子植物，世界上仅有12科200余种，而梅里雪山有松科、柏科、红豆杉科和麻黄科4科22种。

梅里雪山同时有繁多的动物种类，据初步统计，属国家一类保护的有滇金丝猴、雪豹、金钱豹、斑尾榛鸡、胡兀鹫、雉鹑6种，属国家二类保护的有水鹿、斑羚、猕猴、小熊猫、鬣羚、林麝、金猫、黑熊、棕熊、岩羊、藏雪鸡、白马鸡、血雉、铜鸡、红腹脚雉和大绯胸鹦鹉16种，两类共计22种。

4. 自然景观保护和展示

梅里雪山国家公园由五大板块构成：包括位于三江并流云南保护地，被列入世界自然遗产名录的金沙江大湾景区，拍摄梅里雪山全景最佳位置的雾浓顶迎宾台，进梅里雪山或雨崩的重要枢纽的飞来寺观景台，可观神瀑、冰湖的雨崩景区，低纬度热带季风海洋性现代冰川的明永冰川景区。

（1）月亮湾

月亮湾别称金沙江大湾、金沙江大拐弯、金沙江第一湾，位于迪庆州德钦县奔子栏镇，是一个美丽的"Ω"字形大拐弯，现建有观景台，站在观景台上放眼四周，非常震撼，所以也被称为"天下奇观"。

（2）飞来寺

飞来寺别称吉祥飞来寺，始建于明朝万历四十二年，因修建时"柱梁飞来自立"而得名，现由子孙殿、关圣殿、海潮殿、两厢、两耳、四配殿组成，是观赏、拍摄日照金山奇观的最佳去处之一。

（3）雾浓顶

雾浓顶因地处雾浓顶村而得名，建有迎宾十三塔、观景台等，对面就是雄奇壮丽的梅里雪山，也是观赏、拍摄日照金山奇观的最佳去处之一，雾浓顶村有一种独特的婚姻制度"一夫多妻"。

（4）明永冰川

明永冰川位于卡瓦格博峰下，是具有数万年历史的天然冰体，绵延数千米，因地处明永村而得名，当地藏族人称其为"明永恰"，是为云南省最大、最长和末端海拔最低的山谷冰川。

（5）雨崩景区

雨崩景区是深藏在梅里雪山深处的神秘藏族古村落，以前只能靠徒步或骑马、骑骡子进入，现已开通公路，不过都是盘山公路比较危险，有神瀑、冰湖、神湖等景点，被誉为"世外桃源""徒步者的天堂""云南最后一处秘境"。

5. 生态旅游

（1）大众观光生态旅游产品

以"远观中国最美的雪山——梅里雪山，近观中国最壮丽的峡谷——澜沧江梅里峡谷"为主题的大众观光生态旅游产品。依托梅里雪山国家公园东环线打造适合团队和一般旅游者为主的大众观光生态旅游产品。大众观光生态旅游产品是梅里雪山国家公园生态旅游业的基础，是国家公园重点投资打造的旅游产品。

梅里雪山国家公园大众观光生态旅游产品主要依托于124.5千米的梅里雪山国家公园东环线，根据景观条件和资源条件建设符合国家公园整体形象要求的景点、观景台和其他观光设施。

（2）荒野徒步生态旅游产品

以"感悟梅里雪峰震撼心灵之美"为主题的荒野徒步生态旅游产品，适合具有一定野外生存经验和生活能力，喜爱体验荒野感受的专业型生态旅游者。依托244.4千米的梅里雪山徒步交通系统，近距离走进梅里雪山，感悟梅里雪山十三峰[①]的生态旅游产品。

（3）神山朝圣生态旅游产品

以"涤荡身心，净化灵魂"的神山朝圣为主题的转经生态徒步旅游产品。主要包括雨崩神瀑内转经和外转经线路两大神山朝圣生态旅游产品，适合梅里雪山朝圣者和严格生态

---

① 梅里雪山北与西藏阿冬格尼山，南与碧罗雪山相连接，相传共有山峰有13座（实际不止十三峰，只是藏俗中十三为吉利），称为太子十三峰。梅里雪山主峰卡瓦格博，海拔6740米，是云南海拔最高的山峰。

旅游者和组织型生态旅游者。梅里雪山神山朝圣活动古来有之，以内外转经线为构架的神山朝圣生态旅游产品原则上保持现状，以维持其神圣性。

6. 社区管理

梅里雪山国家公园涉及德钦县 7 个乡镇 5 个村委会的 23 个村民小组。这 4 个乡镇涉及农户 2600 户，13000 多人（2016 年），有藏族、纳西族、回族、傈僳族等民族，其中藏族占 98%。这些社区的主要经济来源以农牧业为主，20 世纪 80 年代以后，夏季拣松茸、羊肚菌等野生菌类出售是许多村民家庭的主要经济收入来源之一，少数社区还可挖虫草。随着梅里雪山景区的开发，牵马载客、开设客栈成为明永、飞来寺、雨崩、西当等社区的另一主要经济收入来源，其他社区依然以农牧业为主。

（1）维护社区居民利益

梅里雪山国家公园建设应在保证梅里雪山社区居民利益不受损害的基础上，为社区发展提供更大的机遇，促进社区社会、经济、文化的协调发展。另一方面，鉴于国家公园资源和价值的特殊性，社区发展的目标和方向应与国家公园的综合目标体系相一致。同样，社区发展不应损害国家公园的资源和价值。

（2）社区文化发展

保护梅里雪山各少数民族的传统宗教活动和民族文化活动，促进少数民族文化交流活动，以增进社区对自身民族文化的认识和了解，从而增强各民族的自豪感和自身文化的认同。

（3）决策参与机制

梅里雪山国家公园管理机构专设社区管理轮值委员会，梅里雪山国家公园区域内的每一个自然村都有资格选举自己的委员会代表，参与和负责国家公园社区管理、协调沟通等管理事务，并拥有参与梅里雪山国家公园建设、经营、门票分成等重大事宜的知情权和决策权。

（4）利益分配机制

梅里雪山国家公园将为社区提供尽可能多的社区参与国家公园管理、经营、服务等多种形式的参与机会，通过特许经营机制鼓励社区参与国家公园的各项工作，从而获得经济收益。

7. 特许经营管理

梅里雪山国家公园实行国际上通行的国家公园特许经营管理制度。

■ 梅里雪山国家公园区域内的住宿、餐饮、商业演出、交通、商业教育、户外运动、商店、停车场等商业经营活动均需要按照梅里雪山国家公园管理制度申请特许经营权。

- 基础设施建设和工程、社区扶贫性项目实施、电信设施建设、商业电影拍摄等实行特许经营制。

- 梅里雪山国家公园的几乎所有经营性项目，基础设施工程建设项目和工程监理等项目均向全社会公开招标并实行特许经营制。

- 梅里雪山国家公园将实现特许经营制度的透明化和公开化，并接受社会监督。任何一个招投标书、特许经营合同（无论大小）、特许经营企业的年度报告、管理者的年度评审报告都必须向社会公开并接受监督。

- 特许经营投资人在公园规定区域内投资建设的不动资产必须符合国家公园整体规划，产权在经营期结束后最终归国家公园所有；特许经营投资人在公园外的不动资产投资归投资人所有；特许经营投资人在国家公园内的经营收入在交纳合同规定的特许经营权转让费用和国家相关税收之后，经营收入和私人财物归个人所有。

- 梅里雪山国家公园管理部门在考察经营人的业绩和履行职责情况时，如果发现经营人未能忠实履行合同条款，而对资源和公园价值产生破坏时，有权单方面终止合同，收回特许权。

- 梅里雪山国家公园与特许经营者是正式的合作关系，在特许经营者符合特许条件的前提下，国家公园保护特许经营者在国家公园中商业性经营活动的合法权利，保证特许经营权的期限。

此外，梅里雪山国家公园编制完成《梅里雪山国家公园特许经营计划》，积极探索多种形式的特许经营项目，其中包括卫生环境特许经营，外来物种消除特许制等等。《梅里雪山国家公园特许经营计划》的内容还涉及完善国家公园特许经营的申报、审批、决策程序、特许经营权时限、特许经营绩效评价、特许经营权的转让、特许经营权的强制性收回机制等。

8. 旅游生态补偿

旅游生态补偿反哺是通过国家公园运营机构——梅里雪山国家公园开发经营有限公司在梅里雪山国家公园景区的门票收入，来反哺社区农牧民。主要包括五种反哺方式：一是社区补助。主要是社区对梅里雪山国家公园内的资源保护和梅里雪山国家公园开发经营有限公司与社区共建区域（目前主要为景区）的反哺。二是马队经营权收购返补。这是对梅里雪山国家公园内使用电瓶车代替原来村民马匹载客所得收入的补偿。三是公路养护费。指对梅里雪山国家公园内经营机构所修公路由社区进行养护的费用。四是垃圾清运费。指在梅里雪山国家公园内的垃圾由各社区清运出社区，交给经营机构统一处理的补偿。五是社区村民就业。梅里雪山国家公园开发经营有限公司招收员工时，首先安排各社区村民。

从旅游反哺社区的情况看，2015年梅里雪山国家公园开发经营有限公司每年用于反哺社区的资金共 520 多万元，根据各社区的不同情况，所给予的反哺金额也不同，最高的为明永村，户均达到 7.8 万元，其中 5.5 万元为马队经营权收购返补金。在公司收购前，村民自己经营马队时，户均最高时可达 12 万元，最低时也能达到 7 万元。社区村民就业方面，目前梅里雪山国家公园开发经营有限公司有 80 名正式员工，都是当地人。如明永村在该公司工作的有 13 人，其中 5 人在明永景区开电瓶车，有 1 人在明永管理站任副站长，这些员工的工资根据入职时间和所任职务不同从 3000 元到 4000 元不等，任职期满15 年的员工，到 55 岁可享受退休政策。

总的来看，梅里雪山国家公园的生态补偿主要围绕当地社区开展，除政府层面开展了基础设施建设和保留环境友好型农牧业的做法外，经济补偿主要是公园的经营者通过景区门票收入来补偿社区，实为旅游反哺。

表 4-2　梅里雪山国家公园社区生态补偿金明细

社区名称	用途	补助金额	合计	备注
雨崩	社区补助金	42 万元／年	48 万元／年	每年 9 月 21 日前发放
	垃圾处理费	6 万元／年		年底支付
明永	社区补助金	51 万元／年	401.5 万元／年	每年 6 月底发放
	公路保养费	10 万元／年		
	马队经营权收购返补金	178.5 万元／年		每年 9 月 15 日前付清
	马队经营权收购返补金	102 万元／年		每年 12 月 15 日前付清（属云岭乡政府层面返补）
	退出太子庙餐饮服务补偿	60 万／年		每年 6 月底前付清
西当	社区补助金	16.5 万元／年	20 万元／年	每年 9 月 21 日前付清
	垃圾清运费	3.5 万元／年		
飞来寺	社区补助金	32.452 元／年	66.804 万元／年	每年 3 月 31 日前付清
		34.352 元／年		每年 9 月 30 日前付清
雾浓顶	社区补助金	8.976 万元／年	8.976 万元／年	每年 12 月 1 日前付清
贡水	社区补助金	2.85 万元／年	2.85 万元／年	每年 8 月 15 日前付清

资料来源：本表数据由梅里雪山国家公园开发经营有限公司提供，为 2015 年数据。

（三）白马雪山国家公园

1.概　况

白马雪山国家公园位于云南省迪庆藏族自治州德钦、维西两县境内，属"三江并流"世界自然遗产的核心地带，是我国低纬度高海拔地区生物多样性保存比较完整的原始高山针叶林区，也是我国特有、世界稀有的濒危动物滇金丝猴的核心栖息地。

（1）地质地貌

白马雪山国家公园在地质构造上处于欧亚大陆板块与印度洋板块之间的碰撞地带附近，是横断山脉中最典型、地势起伏最壮观的一段。区内海拔5000米以上的山峰有20座，最高峰5430米。谷地为深切割和极深切割的"V"字形峡谷，区域地貌具有高峻的高山和极高山分布广泛、冰川和冻土地貌发育、缺少盆地和河谷平原、山势由分水岭向两侧呈阶梯状下降的基本特征。

（2）水文条件

白马雪山国家公园夹于澜沧江水系与金沙江水系之间，保护区内的河流分属于金沙江水系和澜沧江水系，另外还有一、二级支流50余条。这些河流除了珠巴洛河为较大一级支流外（长约114千米），其他均短小，仅有20千米或更短。从流域面积来看，珠巴洛河最大，流域面积为1835平方千米，其他河流的流域面积均在300平方千米以下。

（3）植物资源

白马雪山国家公园属于寒温性森林生态系统类型，是中国低纬度高海拔地区生物资源保存比较完整而原始的高山针叶林区，是世界上高山植物最丰富的区域。已发现的种子植物有142科，587属，1747种（含亚种、变型和变种）。国家重点保护珍稀植物24种。植物区系的科、属、种繁多，并几乎包含了世界温带分布的所有木本属。有国家及省级保护植物30种，分属于20科。其他还有油料植物、淀粉植物、用材树种、香料植物、纤维植物、鞣料植物等与人类生活密切相关的各类植物资源。

（4）动物资源

白马雪山国家公园共录得哺乳类9目23科70属100种。占中国哺乳类总种数的16.8%，云南的33.3%。主要的种类有滇金丝猴、雪豹、金钱豹、云豹、熊猴、猕猴、穿山甲、黑熊、棕熊、小熊猫、石貂、水獭、猞猁、高山麝、林麝、鬣羚、岩羊、长吻鼯鼱、白尾鼯、蹼足鼩、中缅树鼩等。保护区迄今为止共记录鸟类246种，隶属17目43科另4亚科，种数约占云南省记录鸟类种数的30.7%。

2.建设历程

白马雪山国家公园是依托白马雪山自然保护区建立的，1983年经云南省人民政府批准建立白马雪山自然保护区，1988 年晋升为国家级自然保护区，主要保护对象为高山针叶林、山地植被垂直带自然景观和滇金丝猴。2016 年 3 月，云南省人民政府批准同意建立白马雪山国家公园，并提出"保护优先，合理利用"的建设原则，妥善处理好国家公园保护、科研、教育、游憩和社区发展的关系，充分协调好与已有保护地的关系，严格遵守已有保护地有关法律法规，并按照有关规定和技术标准组织编制白马雪山国家公园总体规划。

3.保护对象及保护价值

白马雪山国家公园主要保护高山针叶林、高山植被垂直自然景观和滇金丝猴。滇金丝猴是中国一级珍稀濒危保护动物，和大熊猫一样被称为"国宝"。白马雪山国家公园是中国最大的滇金丝猴保护区。随着生态环境的不断改善和保护工作的有效推进，保护区的滇金丝猴数量已从 2000 年的 1000 只增加到约 1500 只，约占世界种群的 70%。

白马雪山国家公园位于横断山脉中部，相对高差超过 3000 米。该地区植被垂直分布明显。在不到 40 千米的水平距离内，有 7~16 条植物分布带，相当于中国从南到北有数千公里的植物分布带。白马雪山国家公园有星叶草、澜沧黄杉等国家重点保护植物 10 余种，有滇金丝猴、云豹、小熊猫等国家重点保护动物 30 余种。被誉为"寒温带高山动植物王国"，具有很高的科学价值

4.生态旅游

（1）大众生态旅游产品

大众生态旅游产品将在一段时间内成为支撑白马雪山国家公园旅游发展的重点产品，也是向生态旅游者主推的产品。因此，关键问题是如何挖掘保护区边界及以外地区的资源特色，开发具有地方特色的生态旅游精品。

主要产品类型：生态观光、生态康体度假、生态文化体验、科普教育等。

（2）专业生态旅游产品及科考产品

白马雪山国家公园地域范围包括了白马雪山国家级自然保护区，因此旅游产品开发要遵循保护区的规定，在核心区内禁止开展旅游活动。在保护区管理部门的允许和指导下，在缓冲区开展科考活动，在实验区内开展专业生态旅游活动。

①生态观光

以美感质量较高的山地、水体和生物资源为依托，产品开发注意降低对环境的影响，对游客要适时进行环境教育，提升其生态意识。

②生态康体度假

以舒适指数高，植被茂盛的山地、水体为依托，以空间组织为理念，开发建设与环境相协调的生态旅馆。

③生态文化体验

以藏族为主的多民族文化为主体，选择文化特征鲜明、文化传统深厚的考察点（线），设计知识性强的解说系统，向旅游者阐释文化的内涵、源流。重点推出几个有代表性的民族生态旅游村。

④科普教育

以特殊地质地貌、生物、气候资源、原生态文化资源为依托，以科学知识普及和环境教育作为主要开发方向，重点建设生物、地质两大类科普基地，通过游客中心展演和野外实地观测相结合的方式，培养游客的科学素养和环保意识。

⑤滇金丝猴观测

以国家一级保护动物滇金丝猴为对象，在缓冲区和试验区建立简易观测点，严格遵循有关管理规定，不得进入核心区进行旅游活动及开发，不得干扰滇金丝猴的繁衍、栖息活动。

⑥地质考察

以地貌特征明显的高山、切割河谷为考察地点，开展地质考察旅游。此类旅游活动中，导游、领队都必须具有丰富的相关学科知识和应对野外突发事件的能力，对线路的勘察设计有极高的要求。

⑦高山翻越

沿4000米以上景观独特的高山牛场线设计旅游线路，利用当地居民和牛场建设简易休息站，提供补给。

⑧漂流

以有高差的非核心区风景河段作为开发地段，重点建设好旅游安全设施，漂流河段起点与终点的交通连接应与旅游区内部的旅游交通建设相协调。

⑨徒步穿越

以自然保护区的非核心无人区为徒步区域，徒步线路的设计要难度适中，尽量与防火巡山道相结合，能经过多个景观带并提供多个观察视角。产品开发重点是线路及标识系统设计、徒步旅游指南的制作等。

⑩动植物考察

针对具有科学研究价值的生物多样性资源、气候资源开展专业考察活动。产品开发要强化学科的专业知识，在游线游程设计等方面要严格遵从自然规律，切忌为满足游客的好奇心而扰乱动植物的繁衍、活动。

5.社区管理

社区能力建设是调动白马雪山国家公园社区居民参与生态旅游开发和管理积极性的必要途径，是改变居民资源粗放利用、实现资源有效保护的必要手段。因此，生态旅游发展必须以提高居民生活水平、培养居民参与能力为己任，加强社区培训工作。

（1）拓宽融资渠道，建立社区旅游发展资金。

小额信贷作为一种有效的扶贫手段，被不同国际组织和机构广泛地运用在扶贫与发展项目中，在云南、在全国范围内很多贫困地区，小额信贷也因其扶贫到户的特点和对扶贫资金高效利用的机制，取得了很多的成功经验。同时，启动小额信贷项目也能为社区综合发展、环境保护以及启动社区参与旅游发展最大程度地筹措到资金。

（2）调整产业结构，发展生态旅游，实现社区经济、生活水平全面发展

目前白马雪山国家公园主要产业为种植业和畜牧业，产业结构不合理，经济效益低下。通过生态旅游产业的发展，带动社区商业、服务业、交通运输、建筑、加工业等相应产业的发展，同时带来区域农业产品的特色化。发展生态旅游可以把农业的生态效益、民俗文化等无形产品转化成合理的经济收入，从而提高农业的综合效益。与旅游有关的农副产品、土特产品就地消费的特点还缩短了产销过程，促进民营企业的发展。通过开展生态旅游，保护区社区开放性得到增强，社区农户素质提高，有利于吸引投资，逐步缩小城乡差距。缓解城乡二元结构性矛盾。

（3）启动社区旅游服务能力建设项目，提升社区农户参与能力

白马雪山国家公园大部分社区农户，由于地处相对比较偏僻、封闭的山区，同时受社区农户受教育程度的限制，目前还不具备顺利参与旅游接待服务的能力。因此，要由白马雪山国家公园管理局牵头，启动社区旅游服务能力建设项目，聘请旅游教育培训机构专门对白马雪山国家公园农户进行语言交流技能、导游讲解技能、烹饪技能、中小企业管理技能等方面知识的培训。通过培训，使社区农户顺利参与白马雪山国家公园生态旅游发展。

二、滇西横断山脉地区

（一）丽江老君山国家公园

1. 概　况

老君山国家公园是"三江并流"世界自然遗产地的重要组成部分，位于丽江市玉龙县西部的金沙江和澜沧江之间，"长江第一湾"西岸。老君山，史称"滇省众山之祖"，相传太上老君曾在此山炼丹，因而得名。老君山连绵盘亘数百里，横卧在澜沧江与金沙江之间，主峰海拔4240米。主要景点有九十九龙潭、杜鹃林、黎明丹霞地貌和新主横断山天然植物园、长江第一湾景区等。国家公园面积1085平方千米，海拔2100~4515米。老君山国家公园处在全球三大生物地理界的交汇点，具有丰富的地质、生物和景观多样性资

源，是全球意义的生物多样性关键类群集中分布地区之一，也是全球 25 个生物多样性优先重点保护的热点地区之一。

（1）地形地貌

老君山国家公园地貌属横断山纵谷区，主要分布有丹霞地貌、冰川冻融地貌、新构造运动遗迹、岩溶地貌、火山地貌等 5 类地质资源类型。丹霞地貌分布集中、面积较大，主要在规划区东北部黎明、美乐、白崖寺、羊岑、罗古箐等地区；冰川冻融地貌、岩溶地貌、火山地貌为零星分布，其中冰川冻融地貌主要位于九十九龙潭、金山玉湖片区为主的高海拔区域，岩溶地貌主要分布于西北地区，火山地貌主要集中在南部古火山锥群地带。

（2）生物资源

区域的生态系统主要包括高山生态系统（高山灌丛、高山草甸及流石滩等）、高山湿地生态系统（湖泊湿地）、森林生态系统、河谷生态系统（包括河流生态系统）等。

①植物资源

根据初步调查，老君山国家公园内有植被类型 18 种。区域内分布着整个生态区内最大的原始针叶／硬叶针阔林，如：云杉冷杉／栎树混交林，面积超过 1000 平方千米。并且具有完整的植被垂直分布带，从长江边的亚热带常绿阔叶林到高山流石滩植被类型，类型多样、完整，具有开展植物群落和生态系统完整性研究和保护的重要价值。

②动物资源

老君山地区动物物种丰富度极高，分布有兽类 43 种，鸟类 194 种，两栖爬行类 54 种。其中，属于横断山脉特有的鸟类 34 种，两栖爬行类 18 种；属于西南地区特有的兽类 4 种（含滇金丝猴）。

（3）民族文化

老君山区域的生物多样性和地质多样性，以及多民族和谐相处共生共荣的文化特征，凸显出人与自然、人与社会、人与人之间的和谐理念，使整个区域形成了一个"和谐世界"。

在老君山公园境内，傈僳族、纳西族、普米族、彝族、白族、苗族、藏族等 7 个少数民族依山傍水而居。在数千年的历史发展进程中，各民族为适应自然环境的多样性，创造了各具特色的民族文化，成为世界上罕见的多民族、多语言、多文字、多宗教信仰、多种生产方式和多种风俗习惯和谐并存的汇聚区。同时，数千年来，不同民族文化之间的不断碰撞与融合，形成了多民族交错杂居、多元文化交融互动的格局，是中国乃至世界民族文化多样性最为富集、历史文化遗产极为丰厚的地区之一。

2.建设历程

丽江老君山 1988 年被国务院列为国家级风景名胜区，2003 年被列入世界自然遗产名录，2004 年被国土资源部批准为国家地质公园，2009 年被云南省政府批准作为云南省建设国家公园试点设立丽江老君山国家公园。保护和建设目标：（1）保护高山生态系统、高山湿地生态系统、寒温性针叶林、针阔混交林、常绿阔叶林、硬叶常绿阔叶林、滇金丝猴、丹霞地貌；（2）合理利用国家公园资源，开展宣教、科研和生态旅游活动，带动周边社区发展。

3. 重点保护对象及保护价值

（1）地质资源保护及展示重点

在老君山国家公园规划区的五大重要地质资源中，重点保护和展示丹霞地貌、冰川冻融地貌和新构造运动遗迹。这三种地貌在全国具有重要意义。丹霞地貌的单一类型具有全国意义，而冰川冻融地貌和新构造运动遗迹具有省级意义。

（2）生物资源保护及展示重点

①生态系统

老君山的生态系统类型主要有：高山生态系统、高山亚高山湿地生态系统、自然森林生态系统、河谷生态系统（包括河流生态系统）、人工林生态系统、农业生态系统等。需要重点保护的生态系统类型有：高山生态系统、高山亚高山湿地生态系统、自然林生态系统、河谷生态系统。保护价值：

■ 高山生态系统和高山湿地生态系统是该区域的特有生态系统，分布有大量特有的珍稀物种以及食用和药用植物等；两类生态系统提供了很高的科学研究和教育价值，尤其是研究全球气候变化以及高山花卉生态影响等；为世人提供了很高的美学观赏价值。

■ 自然林生态系统是该区域主要的优势生态系统，对整个区域生态系统的稳定起着举足轻重的作用；是该区域动物的主要栖息地，为动物提供食物，同样许多珍稀濒危植物和动物分布于此自然林生态系统中；为人们提供了许多无法用货币衡量的价值功能，如涵养水源，调节气候，保持水土，提供木材和非木林产品等，是进行科学研究和环境教育的理想场所。

■ 小型河谷生态系统，又称沟谷生态系统。是生物多样性最丰富的区域，并且分布有许多国家级保护植物；为下游居民的生产生活提供了优质的水源；是任何一个功能性景观的最重要组成部分，并且它是整个项目区内生物多样性最丰富的生态系统；老君山项目区分属于金沙江及澜沧江水系，这两大流域无论是在生物及非生物的组成上都有很大的不同，作为河谷生态系统的组成部分，二者都具有极高的保护价值。

②植被层次

植被是组成各生态系统的主要组成成分，保护生态系统的具体对象是要保护组成各生态系统的重要植被类型。高山生态系统主要是由高山流石滩、高山草甸、高山灌丛（杜鹃矮林和灌丛）等组成；高山湿地生态系统主要是由高山湖泊和高山沼泽化草甸组成；自然林生态系统主要包括寒温性针叶林、针阔混交林、硬叶常绿阔叶林、中山湿性常绿阔叶林、半湿润常绿阔叶林、落叶阔叶林等。

这些植被类型是组成上述重点保护生态系统的主要组成成分，是保护上述生态系统的完整性和稳定性的基础；多数珍稀濒危植物和动物分布于这些植被类型中，是这些珍稀濒危物种生存的栖息地和生活环境；受人类干扰较大，一些砍伐活动主要在这类群落中进行；植被为当地居民提供多种生态价值功能（木材、非林产品、水源等等），为人们提供了科研教育价值以及很高的美学观赏价值等。

4. 自然景观保护和展示

（1）九十九龙潭

在老君山主脊线东北侧海拔 3800 米以上的山坳里，有湖泊、沼泽数十个，沿溪流串成一片。冰蚀湖群周围，冷杉林和杜鹃花丛环抱，每到春末夏初，怒放的杜鹃漫山遍野，万紫千红；蜿蜒流淌的九十九龙潭，清澈如镜。奇峰异石，碧湖清溪，花香鸟语，清新扑鼻，天水交相辉映，犹如仙境。冬天的九十九龙潭遍布着冰棱，是一个天然的冰雕世界，奇美无比。

（2）黎明丹霞地貌

①千龟山。位于黎明傈僳族乡黎明村村公所后的山峦间，在苍松翠柏的掩映下，火红的崖峰突兀而起，崖面上岩石如龟，整个巨大的山崖面上像聚集了成百上千只石龟，它们全部朝着东方慢慢爬动，形成无比壮观的山龟朝拜图。

②擎天柱。千龟山中，一根石柱从山崖上突兀而立，直指蓝天，当地傈僳族群众又把它称为"学天柱"。擎天柱高约 20 米，除顶部为黑灰色外，其余均为丹红色，奇特的是擎天柱在茂密森林映衬下，绿树红柱，更加显得神秘，不少游客伫立石柱下，凝视着大地生出的精灵，产生了无限的遐想。

③大佛崖。位于距黎明村村公所 60 米处，陡峭耸立的丹霞崖前，大佛从天而降，侧卧于绝壁之前。大佛头、眼、耳、身全部俱全，仿佛是被人精心雕塑出来，惟妙惟肖。石佛凝视前方，庄重肃穆，仿佛阅尽人间百态，世事沧桑。

④五指山。在黎明河左岸，红色的山峰耸立，状如人的五指伸开，直指云天。峰中有奇，奇中有秀，色彩斑斓，苍黑色的岩石上夹杂着红、白、灰、黄等色。当傍晚夕阳斜射于众峰之顶时，山崖灿然炫目。因此山耸立于黎明河边，峰高千尺，当地人又称它为"插天平"。

⑤罗汉窟。黎明傈僳语称之为"尼卜阿窟"，意思是罗汉岩洞。位于五指山南面，天

造的一个神殿，洞内喀斯特地貌千姿百态，犹如神像、神坛、石香、石供盘，顶部悬挂着无数钟乳石，犹如千盏万盏神灯，把整个神殿装点得万分神秘。人走进去仿佛真的走进一个真正的神殿。

⑥穿心山。又叫月亮山，位于黎明傈僳族乡王丽别村，在一座山峰上，有一个巨大的圆洞穿山而过，形如十五的圆月。透过圆洞，可看见很远的山峰和蓝天白云。穿心山有非常美丽动听的传说。四周山秀谷深，景色迷人。

⑦石棺山。黎明肯扎洛大沟附近的一道山崖，形如一具着了清漆的巨大棺材，似有贴壁巨碑，崖下陡坡上有两个圆顶墓状的黑色峰峦，山崖平整如削，赤红欲燃，山顶翠涛覆盖，红绿相映，绚烂夺目。

⑧倚天峰。石棺山对面，一座百十米高的危峰，近倚一座如琼楼玉宇般的赤红大山，据傈僳族世世代代相传，这倚天峰是太阳之神的守门罗汉。若从几十里外远观倚天峰，栩栩如生，格外引人注目。

⑨缚虎岩。当地傈僳族称"谓劳吾岩"。站在黎明东望，老嘴沟尽头此岩倚天矗立，面峙石棺山，中间即为优岩。有道是被缚虎伏首沉睡千载不醒，不知傈僳家缚虎神猎去何踪。

（3）金山玉湖

金丝山系黎明河的源头，黎明河谷的对景，远观为一平顶的锥形山体。金丝山群峰耸立，山崖陡峭，巨石横空，山体雄伟，传说这里因滇金丝猴而得名。在山峰之间，分布着几十个大小湖泊，环绕金丝山主峰，与松林和杜鹃花林相拥，与主峰相映，被称作"金山玉湖"，山峰、神水、雨雪、日出为金丝山四大景观。

5.生态旅游

生态旅游规划与开发以减少国家公园生态破坏为原则，充分展示"一个核心：和谐世界；四个主题：地质奇观、生物精粹、老庄文化、民族风情"，突出老君山"黎明河谷、丹霞之魂，高山草甸、冰蚀湖群，滇金丝猴、原始森林，老庄文化、和谐世界"旅游定位。

（1）高原湖泊、冰川地貌深度体验旅游

①冰蚀湖群观赏体验

沿着将大大小小的高山冰蚀湖群串在一起的栈道徒步观赏体验，观赏宁静而深邃的冰湖水、挺拔险峻的冰角峰、满山遍野的高山杜鹃花、原始幽深的冷杉林、潇洒飘逸的松萝。向旅游者展示公园内的原始风貌，全面体验老君山最典型的生态环境和一尘不染的氛围。

②冰川地貌教育体验

冰川地貌博物馆，用技术手段展示具有全球代表性的冰川地貌景观，演示冰川地貌形成演化的过程，普及全球气候变化的知识。

③冰原山地宿营体验

在湖畔、角峰下、冰积乱石堆、高山草甸上，以当地天然材料建成的生态小木屋提供给体验者居住，利用太阳能供热、发电、照明，太阳光不理想时用其他环保或蓄能照明设施。木屋外可提供帐篷、睡袋租借给旅游者野外宿营，体验高寒的山野艰辛。

（2）生物多样性高度体验旅游

①金丝厂①徒步探险体验

从黎明到金丝厂，穿越河谷，深入原始林，探寻鲜为人知的金丝猴和其他珍稀物种栖息地。观赏性代表性植被地带，如高山和亚高山暗针叶林、常绿阔叶林、针阔混交林等。在野生动物如金丝猴、熊等的栖息地设立明显标识，对各种野生动物的生活环境、生活习性、生态意义、安全防范等有详细解说。

②罗鼓箐②自由探险体验

可以从黎明方向沿黎明河谷到金丝厂后徒步进入，也可以从通甸方向乘车到罗鼓箐村进入。进入峡谷后沿溪流徒步穿越丛林，体验色彩斑斓的林中幽谷、溪瀑、丹霞峰丛。

（3）老庄文化极致体验旅游

①千龟朝阳亲密体验

千龟山③以严格的保护为主，旅游者可使用望远镜远距离观赏。从千龟山东北部建设不锈钢的"丹砂银炼"栈道与之连接，并形成上下环路，用强化玻璃建设"纳阳吸阴"两个对应的观景台，远可眺望远山景观，近可细看"风化巨鳞"；在千龟山东面的最高峰建凌虚阁，旅游者可远眺神奇的丹霞地貌。

②混元与逍遥体验

千龟山东面的"U"形谷属于地质年代较为久远的地史遗迹，命名为"混元谷"，与老君"卢牟六合，混沌万物"之意相合；黎明河谷贯穿其间，该谷重新命名为"逍遥津"，与庄子的"逍遥"意境相对应，使老庄的人生理念在此交汇。

③老庄文化人生体验

在红石街举办老君山"和谐社会与老君文化论坛"，用老庄思想来包装和谐社会的一流国家公园。在乐枝建立"老君山国际养生中心"，生产对身体有益、对环境没有污染的

---

① 金丝厂是老君山的主峰，"金丝玉峰"海拔 4515 米，被历代史家称为"滇省众山之祖"，因传说太上老君曾在此炼丹而得名。

② 罗鼓箐是老君山的一个普米族聚居村寨。

③ 千龟山位于老君山国家公园内，是中国迄今为止发现的面积最大、海拔最高的一片神奇丹霞地貌区。

地方特色保健食品，命名为"炼丹"。在千龟山北侧山峰立老君像，每年举行"祭老君"活动，弘扬中华传统文化。

④老庄和谐思想体验

九十九龙潭和金丝厂以高山冰蚀湖群为景观核心，并具备高山冷杉林、杜鹃花海、高山草甸牧场等景观，给人以阴柔之美。而黎明美乐丹霞地貌片区系老第三系形成的丹霞地貌国家公园，区内红岩形成的峰丛峭壁千奇百怪，体现了阳刚之美。二者正和老庄文化中所说"万物负阴而抱阳，冲气以为和"的道家哲学的基本命题连为一体，展示了老子的和谐思想。

（4）峡谷人家、民族文化展演体验旅游

①普米族村寨体验

罗鼓箐村为普米族村，村周边有草甸、牧场、云杉林、溪流环绕，风情独特浓郁。体验普米族人的生活方式很多，可家访、可同吃同住、跳锅庄、过情人节，内容丰富多彩，可住在村寨长时间体验，亦可峡谷历险出来小住。

②冲江河谷生活体验

桃花村乡村居住体验，感受乡村生活和乡村文化，体验乡村的纯朴、乡村的传奇、乡村的佳肴、乡村的节日，特别以小孩乡村夜晚故事会吸引旅游者。到三岔河，兰香到桥头，有选择的乡村居住体验，亲历乡村放牧、乡村打柴、乡村打猎，体验国家公园保护与社区资源利用的协调。特别以山野河谷狩猎最有吸引力。

（5）地质奇观、森林生态、水域风光观光旅游

①黎明丹霞观光

大众观光旅游者不可避免将进入黎明丹霞地貌景观区，游客可从乐枝乘坐国家公园环保交通工具进入到红石街，红石街区直到千龟山脚区域可作为大众观光游览活动区。随缆车高度的提升体验丹霞景观的宏大，随峡谷的深入体验景观的多变。全面观赏 U 形谷、"狮身人面像""母子海豚""原始天君"等独特丹霞地貌景观。观赏丹霞景观雄、险、奇、幽的绿野红山，并感悟老庄文化的精髓。

②九十九龙潭观光

在不践踏和破坏地貌遗迹、森林植被和湖滨湿地的前提下，适度向大众观光旅游者开放九十九龙潭的局部高原湖泊景观区，以栈道组织游线，把游客限制在一定的区域。

③金沙江水域观光

从石鼓到其宗，把石鼓的观光旅游和其宗、塔城观光旅游结合起来，同时开展沿江的陆路观光旅游和江面的水上观光旅游，主要吸引力是金沙江风光、石鼓古镇观光、红色旅游观光、其宗民族文化和宗教文化观光。

6.社区管理

按社区受益的原则，在老君山国家公园建设过程中考虑社区在经济、环境和教育三方面的发展，老君山管理机构与社区之间以及社区与社区之间的权利、责任、利益的分配要公平合理。

（1）社区经济发展调控

资源和环境是发展的载体，所以要放在首位考虑，在经济发展与资源保护和环境保护发生矛盾时，应该无条件地让位于资源和环境保护。老君山国家公园内的资源综合管理，必须符合老君山国家公园的性质和目标，加强生态和文化旅游的发展，监控农业和畜牧业的发展，严格控制采矿等影响生态的产业发展。对社区的人力资源进行合理配置，将剩余劳动力吸引转化到资源保护和旅游服务业上。

（2）社区教育

加强社区文教设施的建设，提高当地居民文化素质；结合游客服务中心建立旅游培训中心，对旅游服务人员进行导游、解说和环境意识等培训，提高旅游服务的文化含量和科学性；鼓励开办家庭旅馆，鼓励制作食品、服饰等传统手工艺品，有组织地开展民族节日庆典，保存并发扬民俗文化；加强社区的民族文化资源的普查、收集、整理和保护工作。

（3）社区分类调控

将社区居民点根据不同的功能分为观光型居民点、服务型居民点、普通居民点和搬迁型居民点。一是观光型居民点。在具有良好的自然风光或独特民族文化、可以作为景点开发的村庄，设置相应的餐饮、住宿、咨询等旅游服务设施。石鼓镇、仁和乡的拉巴支村、石头乡的利苴村、黎明乡的黎明村、美乐村和黎光村、鲁甸镇新主可发展观光型居民点。二是服务型居民点。可以提供一定旅游服务的村庄，根据服务等级及功能的差异设置相应的餐饮、住宿、咨询、交通、购物和文化旅游等旅游服务设施。石鼓镇、石头乡的石头村、金庄乡、九河乡、鲁甸乡可作为游客服务点建设，巨甸镇和九河乡可发展交通运输服务。

（二）高黎贡山国家公园

1.概　况

高黎贡山国家公园地处云南省西北部的保山市和泸水县境内，怒江的西岸，是云南省面积最大的自然保护区。是国家级森林和野生动物类型自然保护区，以保护生物、气候、垂直带谱自然景观、多种植被类型和多种珍稀濒危动植物种类为目的。

（1）地质地貌

因怒江切割较深，故相对高度甚大，山势陡峻而险要，是地壳抬升后受河流分割而成的断块山地，多为变质岩组成，下部有大面积的岩浆岩分布。腾冲境内高黎贡山的西坡有近代火山群分布，反映现今地壳活动仍较剧烈（见腾冲火山群）。在保山、腾冲交界处，位于怒江、龙川江谷地之间的高黎贡山上部。

（2）动植物种类众多

高黎贡山国家公园动植物种类众多，南北混杂，东西过渡，是青藏高原和印支半岛的南北生物走廊，是亚热带、温带、寒温带野生动植物种质基因库，著名的种子植物模式标本产地。是中国常绿阔叶林保存最完整、最原始的地区之一，同时还保存有典型的温性、寒温性针叶林森林生态系统。

（3）民族文化

高黎贡山是民族迁徙和融合的走廊。1983年成立保护区时，周边地区居住着汉族、傣族、傈僳族、怒族、回族、白族、苗族、纳西族、独龙族、彝族、壮族、阿昌族、景颇族、佤族、德昂族、藏族等16个民族，他们分别源于古氐羌、古百濮、古百越、古三苗族群和古东胡、古吐番、古女真、古中亚民族。如各种民风习俗、宗教、祭祀活动、歌舞、社会道德、价值观念、民族节庆、民族婚恋、民族文学、民族体育等都是宝贵的文化遗产。同时，也是多种宗教，如佛教、基督教、伊斯兰教、道教、儒教及原始崇拜之地。

2. 建设历程

1983年，经云南省人民政府批准，在保山市腾冲市、隆阳区和怒江州泸水市的高黎贡山中南部建立了高黎贡山自然保护区。1986年，经国务院批准为国家级自然保护区，管理面积1245平方千米。经云南省人民政府批准，先后成立了贡山、福贡管理学院。2000年，经国务院批准，怒江省自然保护区北段划入高黎贡山国家级自然保护区，成为藏北、云南地区最大的森林和野生动物自然保护区。1992年，世界自然基金会（WWF）将高黎贡山自然保护区列为具有国际重要性的A类自然保护区。1997年，《中国生物多样性研究报告》确定了17个具有全球意义的中国生物多样性保护重点领域，其中高黎贡山是首要区域——横断山南段的重要组成部分。2000年，经联合国教科文组织批准加入世界人与生物圈网络。

2011年7月，经云南省人民政府批准，同意建立高黎贡山国家公园，国家公园的建设目标是：第一，保护完整的自然生态系统、生物气候垂直带谱、多种植被类型和多样的珍稀濒危野生动植物资源，保护传统文化与历史遗迹；第二，合理利用资源，开展宣教、科研和生态旅游活动，带动社区发展。2020年12月，国家林业和草原局赴高黎贡山区域开展调研，推进高黎贡山国家公园设立前期工作。2022年11月，云南高黎贡山国家级自然保护区被命名为"2021—2025 年度第一批补充认定的全国科普教育基地"。

3.保护对象

高黎贡山自然保护区是国家级森林和野生动物类型自然保护区,以保护生物、气候、垂直带谱自然景观、多种植被类型和多种珍稀濒危动植物种类为目的。主要保护对象为中山湿性常绿阔叶林、高山温性、寒温性针叶林为主的森林垂直自然景观;生物多样性完整的森林生态系统;珍稀动植物和特有物种。

(1)植 物

有种子植物 210 科 1086 属 4303 种,其中高黎贡山特有植物 434 种。一级保护植物包括喜马拉雅红豆杉、云南红豆杉、长玉兰和珙桐。国家二级保护植物有白杨、黑桫椤、董棕、贡山旋毛虫、油麦挂云杉、十齿花、水青树、贡山厚朴、红花红树林等 20 种,省级保护植物 30 种。脊椎动物有 36 目 106 科 582 种。

(2)动 物

脊椎动物有 36 目 106 科 582 种。哺乳动物有 9 目 29 科 81 属 116 种。鸟类 18 目 4 亚科 52 科 343 种;两栖类 2 目 2 亚目 7 科 28 种及亚种;爬行动物 2 目 3 亚目 9 科 48 种及亚种;鱼类 5 目 9 科 28 属 47 种及亚种。国家一级保护动物有兜叶猴、白眉长臂猿、熊猴、羚牛、豹子、白尾雉等 20 种;国家二级保护动物有小熊猫、穿山甲、鬣羚、黑颈鸬鹚、高山兀鹫、血雉、灰鹤、红瘰疣螈等 47 种;省级保护动物 5 种。此外,2011 年还在保护区发现了金丝猴家族新成员——怒江金丝猴。

2017 年 11 月,科研人员在云南高黎贡山国家公园开展生物多样性调查监测过程中,在野外拍摄到一种红色鬣羚,经专家鉴定,该鬣羚为中国兽类新记录物种赤鬣羚,这批野外影像资料将为研究赤鬣羚提供珍贵信息。据《世界兽类物种名录》第三版有关描述,赤鬣羚属偶蹄目牛科鬣羚属下的一个单独物种,主要分布在缅甸北部,中国国内对该种无确切记录。

(三)怒江大峡谷国家公园

1.概 况

怒江大峡谷国家公园是位于云南省怒江傈僳族自治州,总面积 3588 平方千米的大型国家公园。怒江大峡谷全长约 600 千米,是世界最长的峡谷。怒江大峡谷在怒江州境内全长 316 千米,沿南北向大断裂发育,是世界上少有的纵向岭谷区。特殊的地理环境条件不仅形成了独特的自然奇观,而且造就了丰富的生物多样性和文化多样性,使得怒江大峡谷成为中国生物多样性保护的关键地区和世界上罕见的多民族、多语言、多文字、多种宗教信仰、多种生产生活方式和多种风俗习惯的荟萃之地。

（1）地形地貌

怒江大峡谷国家公园地处著名的滇西纵谷区，高山峡谷是典型地貌。在国家公园北部，为担当力卡山脉、高黎贡山脉；在中南部只有高黎贡山。受青藏高原强烈隆起的影响，这些山地地势起伏，北高、南低，山高谷深。国家公园北部隆起幅度大，南部相对略低，河流沿北高南低的地势不断下切和溯源侵蚀，造成国家公园高山峡谷相间的地貌格局。最低点位于国家公园南部独龙江干流水面，海拔1170米；最高点位于高黎贡山嘎娃嘎普峰，海拔5128米，相对高差3958米。

（2）水　文

流经国家公园的河流很多，大小不一，有近百条。但从水系的结构来看，绝大部分属于怒江水系，可以说，怒江是国家公园的主要河流；只有在高黎贡山西侧的独龙江及其支流属伊洛瓦底江水系。两大水系的支流虽然短，但是落差大，水量丰富。

（3）民族文化

怒江大峡谷国家公园地跨怒江州的贡山、福贡、泸水3县，涉及16个乡镇，主要有汉族、藏族、独龙族、傈僳族、怒族、布朗族、傣族、彝族、土族、哈尼族、白族等16个民族，其中少数民族人口占89.6%。民族文化交融互动，多元文化并存。在漫长的历史中保存了众多重点保护文物及非物质文化遗产，其中傈僳族民歌、傈僳族刀杆节和怒族仙女节等民族节庆被评为国家级非物质文化遗产，茶马古道贡山县雾里段交通遗址被列为国家级重点保护文物，是中华民族不可多得的文化沉淀和智慧结晶，具有重要的保护价值。

2.重点保护对象

（1）怒江金丝猴

怒江金丝猴（*Rhinopithecus strykeri*）在我国发现于2011年，在国家公园内活动的怒江金丝猴数量约在200只左右，被世界自然保护联盟（IUCN）红色名录列为极危级野生动物。作为世界上被人类发现的第五种金丝猴，怒江金丝猴不仅得到了学术界的高度关注，同时也点燃了媒体和大众的热情，是国家公园最负盛名的一张生物名片，具有极高的保护、科研和科普价值。怒江大峡谷国家公园是怒江金丝猴在国内仅有的分布地和世界上最为集中的分布区，对怒江金丝猴的生存和繁衍在中国乃至全球都具有不可替代的作用。

（2）常绿阔叶林生态系统

常绿阔叶林在怒江大峡谷国家公园内主要分布在3000米以下的基带范围内，由河谷的季风常绿阔叶林向上依次递变为半湿润常绿阔叶林和中山湿性常绿阔叶林，是该地最具代表性的植被类型。怒江大峡谷国家公园内的常绿阔叶林不仅种类丰富、面积巨大，而且由于该地区地势陡峭，保持了完整的原始状态。它与缅甸北部和喜马拉雅山脉东部的常绿阔叶林连成一片，形成了当今地球上发展最好、最完整的常绿阔叶林区。由于地处萨尔温江上游，怒江大峡谷国家公园大型完整的常绿阔叶林生态系统的生态调节功能不仅使其成为云南生态平衡的重要屏障，还承担着下游东南亚地区生态安全的重要任务，具有重要的国际生态意义。

3. 全球分布面积最大、最为原始的秃杉林

秃杉（台湾杉）为第三纪古热带植物区孑遗植物，是研究古植物区系、古地理、古气候和杉科植物系统发育等的理想对象，具有重要的保护和科学价值，由于其种群数量稀少且分布区狭小，如今已被列为 IUCN 易危物种和我国国家二级重点保护植物。

怒江大峡谷国家公园是现今世界上秃杉林分布面积最大、最为原始的地区，其秃杉林主要见于贡山县的其期、尼瓦龙地区、双拉河及福贡县拉布罗河，垂直分布在海拔1800～2500米的亚热带山地湿性常绿阔叶林范围内，沿沟箐两侧或阴湿坡面呈带状分布。该地的秃杉林树木高大，树龄原始，贡山县其期驿道旁的一棵秃杉树更是以 80 米树高、360 厘米胸径和 600 多年的树龄而被称为秃杉王，这些高大原始的秃杉连片分布构成蔚为壮观的原始秃杉林景观，具有极高的保护科学价值和游憩观赏价值。

4. 自然及文化景观保护及展示

（1）自然景观

①怒江第一湾——位于丙中洛坝子南部，距县城 40 千米。怒江流经孜当村附近时，本是由北向南流，但被王期岩挡住，只好由东向西流，流出 300 多米后，又被打拉大陡坡挡住了去路，它又调头由西向东急转而过，再次流经王期岩时，又被挡住去路，只好向南流去，江水多次被挡，形成了一个半圆形的大弯，俗称怒江第一湾。这里江面海拔 1710米，坐落在三面环水之中的坎桶村，高出怒江 50 多米，地势开阔，风光绮丽，人称世外桃源。

②桃花岛——位于丙中洛坝子东面的扎拉桶村，因怒江环绕，呈半岛状，岛上桃花甚多，故名。该村至今还保留着古老的桃花节。

③双拉怒寨风光——位于丙中洛镇双拉村，距县城 39 千米，有茶腊和小茶腊两村，分居怒江两岸，有茶腊吊桥相连，该村至今还保留着古老的怒族习俗，被列为云南省省级怒族文化一级保护区。

④贡当神山——位于丙中洛坝子南面，是丙中洛十大神山之一。贡当，意为白色的狮子，因山形酷似狮子，岩石全是乳白色的羊脂玉大理石，故名。可坐车上山观景，山上山花烂漫，风景优美，可观看象屏风、仙女峰、仙人洞，还可一览无余地观看丙中洛坝子和气势磅礴的怒江第一湾。

⑤嘎瓦嘎普峰——意为高大的雪山，又称作楚鹿腊卡峰，位于丙中洛坝子西南，海拔5128米，是高黎贡山山脉海拔最高的山峰。该山终年积雪，有长约3千米的现代悬冰川，冰舌前缘下伸到海拔4000米处。居住在山峰两边的独龙族和怒族均将此山视为自己始祖的发祥地而顶礼膜拜，藏族群众将其列为丙中洛十大神山之首。在丙中洛，这座高傲的雪山只有在天气晴朗的时候才能看到。

⑥那恰洛峡谷——位于丙中洛镇北部的秋那桶村，是青藏高原与云贵高原转换地貌地带，地形独特，风光优美，是怒江峡谷中最大最美的峡谷，全长65千米，由此峡谷北上可抵西藏。

（2）文化景观

①普化寺，又名飞来寺，位于丙中洛坝子中间，该寺首建于乾隆三十一年（公元1766年），为西藏松娄（又译作松塔）喇嘛所建，取名飞来寺。乾隆四十八年（公元1783年），兰雀治格通过民间募捐集资，进行扩建，取名普化寺。

②重丁教堂，位于丙中洛坝子东面的重丁村（又译作甲生村），为天主教堂，始建于1905年。

③石门关，又名纳依强，意为神仙也难通过的关口。位于丙中洛坝子的北端，因怒江两岸峭壁高耸入云，地势险要，有一人当关、万夫莫开之险，是怒江通往西藏的北大门。

三、滇东北中山地区

大山包国家公园

1.概　况

大山包国家公园位于云南省昭通市昭阳区以西的大山包乡。它位于云贵高原梁山系五莲峰山分支的高原上。地貌类型单元为高山和丘陵。大山包国家公园以其生态和自然景观而闻名，如黑颈鹤、湿地、草地、峡谷、云海、日出、日落和佛光。是集自然保护区和自然景观于一体的山地风景旅游区。2003年被批准为"黑颈鹤国家级自然保护区"，2004年被列为"国际重要湿地"。

（1）地质地貌

地质构造为五莲峰山脉脊部，处于扬子准台地的范围之内，属于滇东北拗褶带的昭通镇雄拗褶区。岩性以玄武岩为主，少量玄武岩夹凝灰岩、凝灰岩、页岩及黏土岩。地貌东依滇东北山原，西坡临金沙江，坡体陡峭，山地东北部起伏较和缓。在高原面上，山丘相对高差50～100米，山体浑圆，坡度平缓，谷地为亚高山沼泽化草甸，地势平坦开阔。地貌类型以湿地、亚高山草甸、湖泊（水库）、峡谷为主。独具地域特色的高山丘陵与深切的峡谷景观对比强烈，湿地与湖泊的多样化组合增加了景观的丰富性与独特性。

（2）水文状况

羊窝河自南向北穿境而过，境内河流属于金沙江水系。主要水体有跳墩河水库、大海子水库、燕麦地水库、勒力寨水库等，水体无污染，水质优良，经云南省水环境质量检测中心分析达到国家地表水环境质量标准 I 类（GB 3838—2002），是周边地区的重要水源。

（3）生物资源

大山包的亚高山沼泽化湿地生态系统由于具有典型性和代表性，主要有 3 种植被类型：温性稀树灌木草丛、寒温灌丛、亚高山沼泽化草甸；4 种人工植被类型：华山松林、高山松林、人工草场和旱地。植物种类丰富，维管束植物 56 科，140 属，186 种。其中，蕨类植物 9 科，10 属，11 种；种子植物 47 科，130 属，175 种。观赏性植物有亚高山寒温性花卉，高山寒温性竹类：箭竹、玉山竹、方竹。动物种类有脊椎动物 21 目 30 科 68 种；其中鱼类 2 目 3 科 5 种（其中 4 种系引入养殖）；两栖动物 1 目 3 科 3 种；爬行动物 1 目 2 科 3 种；鸟类 14 目 18 科 47 种，冬候鸟占优势；哺乳动物 3 目 4 科 10 种（啮齿类 7 种，占绝大多数）。除鸟类外，没有发现国家保护动物分布和地区特有物种。国家一级保护动物 1 种：黑颈鹤，国家二级保护动物 7 种：灰鹤、苍鹰、黑鸢、雀鹰、普通鵟、白尾鹞、斑头鸺鹠。种群多样、富集度较高的生物环境是开展自然观光类旅游活动必不可少的组成要素，黑颈鹤是本区域最重要的生物景观。

2. 建设历程

1990 年 1 月 5 日，经昭通市人民政府批准，成立了县级昭通市大山包黑颈鹤自然保护区；1994 年 3 月 31 日，经云南省人民政府批准，升格为省级自然保护区，设置了保护区管理所和公安派出所。2003 年，经国务院批准晋升为国家级自然保护区。2005 年，云南大山包湿地被列入《国际重要湿地名录》。2016 年 3 月，经云南省人民政府批准，同意建立大山包国家公园。

3. 重点保护对象及保护方式

（1）黑颈鹤的保护

黑颈鹤（*Larus ridibundus*；Black-necked Crane）是我国特有的世界珍稀濒危鹤类，为国家一级保护动物。

黑颈鹤是大山包国家公园内最重要的监测保护对象之一，其种群数量的增减直接反映出保护的工作成效，因此综合考虑黑颈鹤保护管理工作以及生态旅游的综合效益，黑颈鹤的栖息地以及活动场所区域管理目标应定位于保护黑颈鹤的自然生态系统，强调黑颈鹤是第一优先保护对象，对整个生态系统的综合管理。禁止一切有影响的旅游活动、人为干扰活动。这一区域的人为活动，需要一些特殊的允许条件和巡护力量。除了一些必需的交通道路之外，这一区域内禁止任何其他的建设开发活动。

严格执行《中华人民共和国自然保护区条例》《森林和野生动物类型自然保护区管理办法》，应加强保护区管理局同大山包乡政府之间的协调和宣教工作。保护教育工作目的在于改善周边大众对黑颈鹤的态度，教育对象主要是当地社区、地方政府官员、教育机构和宣传机构和一般群众，具体活动可以为宣传资料，保护与持续利用研讨班等。

（2）生物多样性保护

①执行法律法规并制定管理条例

严格执行《中华人民共和国自然保护区条例》《森林和野生动物类型自然保护区管理办法》《云南省旅游管理条例》等法律法规中的相关管理条例并制订详尽、切实可行的生态旅游管理规章制度，岗位责任制等，制度中要明确保护区的责任、管理与服务人员的责任以及对游客的奖惩措施，包括对旅游者的管理（对旅游者活动、规模、承载力及行为的控制）等。所有规章制度都将是影响保护区生物多样性保护、开展生态旅游活动并举成功与否的因素。

②建立生物多样性保护管理体系

建立生物多样性评价指标体系。生物多样性评价指标体系是生物多样性保护研究的重要组成部分。生物多样性评价是有效保护生物多样性、合理利用生物多样性资源、确保生物多样性可持续发展的关键。它是制定保护决策和技术方法的科学依据。建立合理的生物多样性评价标准和指标体系是确保生物资源利用可持续发展的重要保障。因此，制定一套详细的标准和指标系统，客观、合理、全面地评价保护区生物多样性，是十分必要的，为保护区的合理管理和利用提供科学指导，为保护区生态旅游的实施提供更可靠的科学依据。这对于大山包自然保护区生物多样性的可持续管理非常必要。

③严格按照生态旅游区区域定位开展生态旅游接待活动

严格按照生态旅游区区域定位开展生态旅游接待活动。在国家公园开展生态旅游，首先对大众生态旅游和专业生态旅游区域要划分清楚并以游客的旅游动机出发，切实开展真正意义上的大众或专业科考生态旅游是为了满足旅游者的旅游需求，而不是把生态旅游作为宣传口号和营销手段来实施一般意义上的观光旅游。只有这样，我们才能保证国家公园的生物多样性得到强有力的保护。

④真正实现社区共建、共管原则

以在国家公园内开展生态旅游为契机，开展宣传和培训工作，加强居民对国家公园内生物多样性的认识并使其真正参与到生态旅游接待工作中有利于带动当地社区的经济发展，减少社区居民对国家公园自然资源的消耗性依赖，缓减国家公园内生物多样性的承载压力，同时有利于生态旅游的内容丰富和顺利开展。从而最终实现社区共管的目标。

⑤在特别敏感地区开展科考活动时需要更多的预防和监测措施。

国家公园是以保护黑颈鹤及其栖息环境为目的而建立的。大山包以湿地生态系统为黑颈鹤的生存与繁衍提供了良好的环境。因此在大海子、跳墩河等生态科考区要尽量保持资源开发的原真性，在该区进行科考活动时，建立健全和完善预防和检测措施，应尽量避免对自然生态、人文生态的人为干扰等行为要坚决予以制止。

4. 生态旅游

大山包国家公园生态旅游资源十分丰富，以黑颈鹤为代表的珍稀鸟类是该国家公园最具特色和最具吸引力的旅游资源，亦有以典型的湿地、和缓的高原面、雄伟的峡谷风光、色彩斑斓的农业季相景观，加之独特的草屋建筑，浓郁的民族风情，使得生态旅游产品的类型呈现多样化。规划中的主要生态旅游产品为以下几种：

①黑颈鹤监测专业生态科考活动

野外黑颈鹤监测是一项集学习、研究、娱乐、健身为一体的户外活动，而以黑颈鹤为代表的珍稀鸟类的科学考察和科研活动既不会对黑颈鹤产生较大的干扰，又有利于黑颈鹤研究及保护。专业观鸟是将鸟类作为一种供观赏的自然资源，是对资源非消耗性的利用和发展，而且专业观鸟的人群较普通大众旅游者来说，文化素质和保护素质都要强一些，因此专业观鸟活动对保护鸟类起到的是积极的作用。在大山包生态发展旅游规划当中，黑颈鹤监测是一种主要的专业生态科考活动，可以积极开展与此紧密联系的摄影活动。黑颈鹤是国家一级保护动物，应该以坚持保护为主，主要面向国内外科学研究、科普教育机构以及具有较高环保能力和环保意识的人群。

②湿地专业生态研究活动

大山包亚高山沼泽湿地生态系统具有典型性和代表性，具有较高的科研价值。《中国湿地保护行动计划》将其列为中国重要湿地。2005 年被列入中国 30 个国际重要湿地。大山包国家公园内分布着大海子、跳墩河、秦家海子、勒力寨、燕麦地等湿地。湿地在不同季节呈现出不同的生态景观，具有较高的观赏价值。湿地是黑颈鹤等珍稀鸟类的栖息地，黑颈鹤在此嬉戏、觅食，增加了观赏情趣。同时，湿地上还生存着其他种类繁多的生物，是一种重要的生态系统，因此定位为科普教育基地，在位于缓冲区边沿的大河边湿地开展的活动，坚持以保护为主，在保护中实现科考和科研目的。

③民居生态旅游产品

自古以来，大山包就是云南通往四川的必经之路，村落历史悠久，村落保存有较好的当地民风民俗，当地的建筑以草屋为主，与周边环境浑然一体。国家公园内居住着汉族、苗族、彝族等多个民族，各个民族和睦地混居在一起。因此，具有古朴特色的草屋与浓厚的民族风情成为大山包靓丽的风景，也成为大山包生态旅游产品中的一种。在保留当地民居草屋外观的同时，对其内部设施进行改造，使其具有一定的接待能力。这样不仅能够为当地居民增加收入，同时也能让生态游客与当地居民深入接触，增强游客的旅游体验，加深旅游感受。

④农业景观生态旅游产品

燕麦地地区高原面和缓，耕作条件相对较好，适合种植苦荞、燕麦、马铃薯等大山包特色作物品种。每年农历三月至九月，是燕麦地特殊的农业种植和收获季节。不同的作物生长在不同的农业季节，形成了丰富多彩的农业景观。这一时期可以发展农业观光和生态旅游。此外，当地加工的农产品不仅可以为生态游客提供食物，还可以作为旅游商品出售，为当地农民增加经济收入。

⑤高原地貌生态旅游产品

大山包位于五莲山的山脊上。总体地貌以山地平原和侵蚀高原表面为主，微地貌以湿地、亚高山草甸、湖泊和峡谷为主。独特的侵蚀高原表面与峡谷景观形成强烈的对比，发展生态观光旅游潜力巨大。

5.社区管理

（1）社区参与机制

大山包国家公园社区居民积极参与国家公园生态旅游发展的相关决策，实现旅游开发过程中自然、经济、文化、社会效益的统一和协调发展。社区居民参与旅游开发主要体现在以下六个方面：参与旅游开发决策；参与旅游发展而带来的利益的分配；参与国家公园生态旅游经营管理；参与国家公园生态环境保护；参与黑颈鹤保护区；参与有关旅游知识的教育培训进而提高整体社区居民的素质。

鉴于国家公园的实际情况，社区居民参与机制为：政府（管理局）主导，社会机构（非政府组织、研究机构等）监督支持，成立社区中心协调安排参与旅游发展各个环节。

（2）进行引导性投资

加强社区交通、通信、供水、供电、教育等基础设施建设；给予政策、财税、人才、信息、培训等各方面的优惠和支持，鼓励外地旅游开发商和本地有条件居民投资参与旅游开发；积极争取国家旅游发展基金、国家少数民族社区发展基金、国家基础设施建设基金在大山包国家公园的投入；争取国际金融组织、联合国教科文卫、环境规划署、开发计划署等国际组织和外国政府、环卫组织对旅游、扶贫开发、文化保护、环境保护的支持。

（3）调整产业结构，实现社区经济、生活水平全面发展

目前国家公园社区主要产业为种植业和畜牧业，产业结构不合理，经济效益低。通过

发展旅游业，带动社区商业、服务业、交通运输业、建筑业、加工业等相应产业的发展，同时使区域农产品具有特色。发展生态旅游可以将农业生态效益、民俗文化等无形产品转化为经济收益，从而提高农业的综合效益。与旅游有关的农副产品和土特产就地消费的特点还缩短了产销过程，促进乡镇企业的发展。通过开展生态旅游，国家公园社区开放性得到增强，社区农户素质提高，有利于吸引投资，逐步缩小城乡差距。缓解城乡二元结构的刚性。

（4）启动社区旅游服务能力建设项目，提升社区农户参与能力

国家公园大部分社区农户，由于地处相对比较偏僻、高寒的山区，同时受社区农户受教育程度的限制，目前还不具备顺利参与旅游接待服务的能力。因此，要由国家公园管理局牵头，启动国家公园社区旅游服务能力建设项目，聘请旅游教育培训机构专门对国家公园农户进行语言交流技能、导游讲解技能、烹饪技能、中小企业管理技能等方面知识的培训。通过培训，使社区农户顺利参与生态旅游发展。

四、滇中高原地区

哀牢山国家公园

1. 概　况

哀牢山国家公园位于云南省中部哀牢山中北部的上部。它位于云贵高原、横断山和青藏高原南缘三个地理区域的交界处。主峰为哀牢山，海拔 3166 米。哀牢山国家公园是中国最大的原始中山湿性常绿阔叶林区。地理位置特殊，地貌类型复杂，山地气候多样。平均海拔 2500 多米，高大的树木遮阳，灌木和藤蔓交织。

（1）地形地貌

哀牢山山体高大磅礴，海拔 2000 米以上，超过 3000 米以上山峰有 20 余座，同名主峰海拔 3165.9 米。主要出露古老变质岩与中生界的砂页岩，为喜马拉雅造山运动以来地壳抬升，河流下切，深度切割的大型山地。气候垂直分布明显，从山麓至山顶依次为南亚热带、中亚热带、北亚热带、暖温带、温带气候特征，植被亦具有明显的垂直分布特征。

（2）水　文

哀牢山的红河与其重要支流李仙江、藤条江、南溪河等是山地中的主要河流，主支流在上段呈平行排列，下段呈树枝状水系结构。河流切割较深，比降大，跌水险滩多，水力资源丰富。发源于哀牢山中部以西的河流与东部河流存在着明显差异，东侧支流多发源于滇东高原，河流长，流域面积大；西侧支流多源于哀牢山中部山地，均较短小，但河流落

差大，水流湍急，多急流、跌水、瀑布。

（3）生物资源

①动物资源

哀牢山分布着多种区系的森林动物，是国内动物资源最集中的宝库之一。哀牢山的鸟、兽类多达 460 种，两栖爬行动物 46 种，其中列为国家重点保护动物的有黑长臂猿、黑叶猴、穿山甲、苏门羚、斑羚等。

②植物资源

哀牢山还有着丰富多样的珍稀植物。据新平县林业局调查，采集记录到的高等植物有 187 科、541 属、971 种。境内的桫椤、水青树、水杉等系国家重点保护林木。

（3）民族文化

哀牢山国家公园生活着 15 个少数民族，不同的民族文化组成了绚丽多彩的民族风情。拉祜族、彝族、傣族等民族的婚丧嫁娶、染齿纹身、服饰佩戴、歌舞娱乐、宗教信仰等，风格各异，各具特性。哀牢山下的新平彝族傣族自治县是全国最大的"花腰傣"聚居区。相传花腰傣是西汉时期古滇国贵族的后裔，尽管历经了 2000 多年的岁月变迁，他们依旧保存着千年之前的民风习俗，一直坚守传承着古傣民族原生态文化。因其服饰古朴典雅、雍容华贵，特别是服饰的腰部彩带层层束腰，挑刺绚丽斑斓的精美图案，挂满艳丽闪亮的银穗、银泡、银铃而名之为"花腰傣"。

2. 建设历程

1981 年，云南省人民政府确定，其规划保护面积为 436494 亩（亩为非法定单位，1 亩 ≈ 666.7 平方米，全书同）。1986 年 3 月，正式建立省级自然保护区。云南省人民政府明文划定保护区面积是 21.99 万亩。1988 年 5 月 21 日，国务院划定为国家级自然保护区。2009 年，云南省批准建立 13 个国家公园，哀牢山国家公园是其中之一。2014 年，国家林业局批复了《云南哀牢山高级自然保护区生态旅游规划》。2017 年，《哀牢山国家公园规划方案》获云南省政府批准。2021 年，中国科学院和云南省共同开展了哀牢山—无量山国家公园建设综合科学考察研究。

3. 保护对象

哀牢山国家公园以保护亚热带中湿性常阔叶林生态系统，重要的水源涵养，保护黑长臂猿、绿孔雀等珍贵野生动物为目的。

（1）种类丰富、成分复杂的植物资源

保护区有高等植物 1482 种（隶属于 207 科，720 属），属国家保护的野生植物有水青树、野荔枝、云南七叶树、翠柏、旱地油杉、任木等 17 种。

（2）众多的以云南特有种为优势的森林类型

云南森林特有物种数量居全国首位，哀牢山保护区尤甚。在现有的森林类型中，主要是云南特有或分布的森林类型，如"甜槠林""卵圆栎林""云南铁杉混交林"等。

（3）山地植被垂直景观明显

哀牢山国家公园的植物类型既反映了水平气候带的植被特征，又反映了亚热带植被的垂直分布特征，极具云南特色。

东坡：海拔800米以下为干热河谷灌丛草带；海拔800～1200米为偏干性常绿阔叶林带；海拔1200～2400米为半湿润常绿阔叶林，云南松林带；海拔2400～3000米，为湿性常绿阔叶林和针叶阔叶林混合带；海拔2800～3100米为常绿阔叶苔藓灌丛带；3000米以上亚高山砂带。

西坡：海拔2200米以下为季风常绿阔叶林和思茅松林带；海拔2200～2800米，属中湿性常绿阔叶林带；海拔2800～3000米为常绿阔叶苔藓灌丛带；海拔3000米以上为亚高山杜鹃花灌木丛带。

（4）完整而稳定的森林生态系统

保护区远离居民点，很少受人为活动干扰，面积达330平方千米的原始常绿阔叶林为国内罕见，植物种类丰富，林内生境阴湿，有"温带雨林"之称，有巨大的涵养水源作用。哀牢山两麓是著名的粮食和经济作物区，其重要的生产条件之一，就是依靠森林对水源的涵养和水量的调节。哀牢山有动物100余种，属国家保护的有黑长臂猿、短尾猴、菲氏叶猴等。鸟类323种，其中留鸟260种，旅鸟、候鸟63种，是重要的候鸟通道。爬行动物39种，其中景东髭蟾、哀牢蟾蜍等为哀牢山的特有种。

4.自然景观保护展示

哀牢山旅游资源丰富，有鄂嘉省级旅游风景名胜区、镇沅千家寨、景东杜鹃湖（原名徐家坝）、新平南恩瀑布、元阳梯田等。

（1）景　观

哀牢山主要景点有南恩瀑布，大磨岩峰，大雪锅山，国际候鸟迁徙保护区——打雀山、大（小）帽耳山等自然景观。在自然保护区内有大草坝、徐家坝人工水库两座，山绿水净。徐家坝水库林木翁郁，风光秀丽，气候湿凉。其间的云南铁杉较为有名，树高25～35米，径粗25～45厘米。各种蕨类、苔藓植物攀络树上分披垂挂，尤为壮观。晨昏日暮，猿啸鸟鸣，麂子麇鹿饮于水边，俨然一幅山水鸟兽图，是人类研究生态、生物、土壤、气候、水文、地理等的极好基地和旅游避暑的理想场所。

（2）茶马古道

哀牢山是森林的海洋，雄伟壮观，半山腰上多为悬崖绝壁。茶马古道风景区是哀牢山的心腹之地，多为无人区。这里有"一夫当关，万夫莫开"的险要地势，"一山分四季，隔里不同天"的特殊立体气候，曾是土司、商霸、兵匪必争之地。解放前，翻越哀牢山古道，每天都有 800 多匹骡马、1000 多商人从这里通过。商客、马帮在这条古道上最凶险的就是翻越哀牢山原始森林和马帮渡红河。悠悠长队非常壮观，于是布匹、丝绸、烟丝和小手工制品各种百货就西南而去，驮回来的是洋烟、盐巴、茶叶、野生动物的皮毛等。马帮走一转三个月至半年才回来。无数大马帮在这条古道上默默行走，经历着人间的悲欢离合。沿着这条古道走，人们会发现大自然的独特赋予，前人的梦想，历史的见证和智慧的足迹，动人的故事，人们割舍不断的情怀；在这条古道上，有着彝族的粗犷，花腰傣的柔美、哈尼族的奔放和佤族的狂热。

（3）石门峡

从哀牢山肚腹中流出的清澈溪流穿过近 1 千米"一线天"地形的岩石峡谷，溪水清澈见底，四周森林茂密，尽是一望无尽的绿，让人心旷神怡！小竹筏是石门峡中非常有趣的一景，坐在小竹筏中看着苍翠的群山和清澈的泉水，呼吸着水润、清新弥漫的空气，仿若置身于仙境中。

（4）南恩瀑布

傣语称"南恩"为银白色的水。听着落差高达 100 米瀑布的轰鸣声，让人心潮澎湃；体验着"飞流直下三千尺，疑是银河落九天"的诗句，别有一番韵味在心头。春天，南恩河瀑布玉体冰肌，如珠帘银铃，似彩练垂空，流光四溢；夏天，如巨龙舞宵，似战场激荡，豪迈壮美。

（5）元阳梯田

哀牢山雄伟高大，山体两侧对称呈锥形，犹如一座巨大的金字塔高耸入云，气势磅礴，景象壮美。整个哀牢山地区由于平坝少，多为梯田梯地，其中者东江两岸，特别壮观美丽，层层叠叠，弯弯曲曲。春天撒秧，夏季碧绿，秋天金黄，冬如明镜。每年栽秧季节，别有情趣。

（6）杜鹃湖

哀牢山高山明珠——杜鹃湖是罕见的高海拔人工湖泊（原名徐家坝），总蓄水量为652 万立平米，湖区面积 0.6 平方千米。因四周长满形形色色、多种多样的杜鹃花而得名，是深嵌于哀牢山崇山峻岭中的一颗绿色明珠。杜鹃湖水澄碧如玉，湖边树木枝丛垂吊水中，微风吹过婆娑起舞、婀娜多姿；湖岸上红黄白各色杜鹃花争奇斗艳、五彩缤纷；杜鹃湖常年山青水碧、微波荡漾、晨昏日暮、猿啸鸟鸣，麂子麋鹿常饮水于湖边，俨然一幅山水鸟兽图。

五、滇西南中山山原地区

（一）普洱国家公园

1.概　况

普洱国家公园位于普洱市东南部、距城区约 40 千米的菜阳河国家森林公园及菜阳河自然保护区内，规划面积约 15 万亩，紧邻昆曼国际高速公路。公园及自然保护区内保持着完整的南亚热带自然景观，是天然的自然物种基因库和中国唯一的爪哇野牛栖息地。

（1）地质地貌条件

普洱国家公园地处横断山脉的无量山南部，位于兰坪—思茅中生代拗陷的南部。从地质构造上看，处于印度洋板块和亚欧板块的结合处。到中侏罗纪时地层隆起成为陆地，喜马拉雅造山运动后，地层褶皱上升为山地。大尺度的高原面景观保存良好，中观和微观尺度的地形复杂，坡面陡峻、沟谷交错纵横，地貌类型以中切割的中山地貌为主。受间歇式抬升的影响，形成 3～4 级高原剥夷面和河流阶地。山体多为东西走向，地势东北高、西南低。

（2）水文条件

普洱国家公园多年平均降水 1547.6 毫米，区内地表水丰富，境内菜阳河、南岛河、南线河等河流交错蜿蜒，遍及整个规划区域。各条河流流经的地区多为原始森林覆盖，景观优美，为规划步道等专业生态旅游项目提供了条件。许多河谷、河漫滩和湿地也是野生动物和各种鸟类经常光顾的地方，是观鸟和观察其他野生动物良好的场所。

（3）气候条件

普洱国家公园规划区属南亚低纬度热带季风气候区，夏秋多雨，春冬晴，全年干湿季节分明。全区年平均气温 17.7℃，最冷月 1 月平均气温 11.4℃，最热月 6 月平均气温 21.7℃。年温差小，平均风速 1.192 米每秒，相对湿度 82%。根据舒适模型计算，区域内小气候舒适指数为 64.75，属于人类感觉最舒适的水平。

（4）生物条件

普洱国家公园共有种子植物 173 科 812 属 1934 种，维管植物 212 科 902 属 2118 种（亚种、变种）。有国家重点保护植物 19 种，其中国家一级保护植物 1 种，国家二级保护植物 18 种。

普洱国家公园内动物资源丰富，共有陆栖脊椎动物 31 目 96 科 267 属 408 种。有国家重点保护动物 48 种，其中国家一级保护动物 10 种，国家二级保护动物 38 种。

2.建设历程

1993 年经国家林业部批准在莱阳河国家森林公园建立思茅（今普洱）国际狩猎场。1981 年 11 月建立云南省普洱市莱阳河自然保护区，作为普洱市首批 AAAA 国家级景区，2013 年 9 月普洱国家公园正式对外营业，2009 年经云南省人民政府批准，同意建立普洱国家公园，保护和建设目标：①保护具有过渡性特征的南亚热带季风常绿阔叶林及珍稀野生动植物为代表的自然资源，保护以普洱茶文化为代表的文化资源。②合理利用资源，开展宣教、科研和生态旅游活动，带动社区发展。

3.国家公园的保护对象

普洱国家公园位于热带和亚热带之间的过渡地带。有以中国最大、保存最好的季风常绿阔叶林为标志的亚热带森林，有以印度野牛、亚洲象、犀牛、兰花、藤枣为代表的亚热带珍稀濒危野生动植物。

普洱茶文化是当地人民长期与自然和谐相处而形成的独特的世界级文化。与当地少数民族传统文化一起，成为普洱国家公园的文化特色。

因此，以亚热带季风常绿阔叶林及其珍稀野生动物为代表的自然资源，以及以普洱茶文化和当地少数民族传统文化为代表的文化资源和栖息地，被列为普洱国家公园的主要保护对象。

（1）季风常绿阔叶林作为南亚热带的地带性典型植被，在我国大部分区域破坏严重，莱阳河保护区的季风常绿阔叶林面积为 131.48 平方千米，占保护区总面积的 92%，为我国仅存的面积最大、连片的典型的季风常绿阔叶林分布地，普洱国家公园的建立对于保护该稀有的植被类型及栖息地具有重要价值。

（2）具有典型的季风常绿阔叶林特征：种类组成以壳斗科的栲属植物为主，具有完整的群落结构，构成了典型的南亚热带森林景观。

（3）原始性和自然性：该区的森林覆盖率在 90% 以上，其中又以原始植被为主，如莱阳河保护区内原始林的比例占到了 90% 以上，如此高的原始林的比例为热带—亚热带区域所罕见。各种植被类型的生态演替极少受到人为扰动，保持了自然演替的状态。

（4）复杂性：当地气候和植被的过渡属性导致了区系地理成分的复杂性：中国植物的 15 个种属分布区中，14 个在普洱国家公园都有分布，其分布区的复杂程度在中国罕见，动物区系成分也较为复杂。

4.生态旅游

普洱国家公园以 216 平方千米的森林公园为依托，围绕与自然环境的高度融合、人与野生动物的和谐共生、当地文化的传承与保护为开发基础，打造一站式森林旅游目的地。公园每立方厘米 20000～30000 个负氧离子，是名副其实的天然大氧吧。

（1）大众生态旅游

通过提升传统的观光旅游，使游客在观光旅游的过程中接受一定的科普知识和体验本土文化来实现大众生态旅游产品的开发。普洱国家公园一期犀牛坪景区已建立多个旅游项目并向游客开放，包括有犀牛归隐、猕猴乐土、鱼影溯溪、桫椤小径、嬉猿半岛、茭瓜塘湿地、熊出没、旅行的小熊猫、嬉鸟乐园等景点，可与犀牛、小熊猫等动物近距离互动。

公园内的小熊猫庄园森林体验中心，可根据游客需求量身定制行程，并提供森林体验师面对面服务，现在，森林体验项目已有 20 余种，根据时节特征不断更新内容，主要有雨林探险、普洱茶采摘和制作、北纬 22° 森林农场体验、飞越丛林、触摸巨兽、探秘生物多样性、夜观昆虫 / 星空观测、氧吧骑行等项目。均由森林体验师带领，深度体验，详细科普讲解，赋予旅行更深的意义。

（2）生态休闲旅游

生态休闲旅游产品的开发既要吸收传统休闲项目对土地资源和设施设备的要求，还要突出利用优越的生态环境作为休闲度假的背景，充分挖掘文化资源的价值来提高产品的品质，以达到资源低消耗和低耗能，实现环境保护的目的，同时又能取得较高的经济收益。普洱国家公园可以利用康乐气候、森林资源、滨水区域、普洱茶文化等高品质的资源开发各种档次的生态休闲度假产品。

园区内有小熊猫庄园，是国内唯一的小熊猫主题酒店。庄园依山势而筑，采用造型别致的独栋木屋建筑，星星点点散落在森林之中，与自然融为一体，被誉为"从森林中长出来的酒店"。

（3）专业生态旅游产品

专业生态旅游产品的开发依托于优质的生态资源系统，所开发的市场对象具有一定的专业技能，以学习、考察和技能培训为目的进行旅游。专业生态旅游的活动空间范围大，通常是在地表或线上开展特定主题的活动。专业生态游客市场数量较少。虽然旅游深度大，但不会对资源环境造成不利影响，反而带来高效益，能给当地带来良好的社会经济效益。

加强市场宣传，树立普洱国家公园专业生态旅游市场品牌。对园区的导游和工作人员进行专业知识和科学知识培训，提高他们的专业导游水平和宣教水平。提高对"小众"特殊需求旅游市场的满足程度，在专用设施设备提供、专业旅游前期培训等方面进行建设。

5. 社区发展

普洱国家公园涉及区域居民共 9700 多户，37500 人，以汉族、傣族为主。社区居民全为农业人口，农村劳动力 22300 人。社区人口数量大，行政区划复杂；社区集体林地占有较大的面积；社区产业结构单一，经济收入低；社区居民对资源的依赖程度依然很高；政府移民和咖啡基地移民数量急剧增加，人多地少；盗猎、采集非木质林产品等行为仍然存在。

（1）社区发展理念

引导社区参与普洱国家公园的管理、生态旅游经营过程，形成社区共管机制，从社区生活空间、社区生产空间以及社区依存空间三个功能空间营造国家公园社区环境，展现社区居民日常生活与生产活动，增加游客的旅游体验，促进游客与社区居民形成良性互动，增强社区居民的成员意识，促进国家公园与社区居民的协同发展。

（2）社区发展目标

突出文化特色，建设成为普洱茶传统文化和少数民族文化展示和保护区域；创建与南亚热带季风常绿阔叶林为背景的自然生态系统相结合的生态农业文化；创建与国家公园协调发展的和谐社区。

（3）社区发展策略

①服务支持型策略

社区依托自身的农业生产，向国家公园提供农产品和手工艺品，同时，可以向国家公园提供劳动力，如导游员、临时用工、资源巡护人员等。

②自主经营型策略

依托当地社区特有的人文、自然环境向游客直接提供相关服务和产品，如提供农舍休闲、住宿、餐饮、农事体验度假等产品。

③有偿补助型策略

因建设国家公园而使社区失去生存所依托的部分资源，但又不具备参与条件的社区，需建立相关补偿机制，逐步引导社区培养"自我造血"功能。

（4）社区培训

①提高当地居民对旅游业的认识

让当地居民清楚地看到旅游业的发展将会提高他们的生活水平、拓宽他们的眼界以及更加有效地传承他们的民族文化。同时，也要让他们做好应对旅游业发展可能带来的一些负面影响的心理准备。

②提高社区居民的从业技能

针对各个方面的旅游从业人员有针对性地进行从业技能培训，包括观念上的和技能上的，主要有：商品经济意识、导游技能、餐饮服务技能、客房服务技能、种植技能、语言能力等。

（二）南滚河国家公园

1.概　况

南滚河国家公园于 2011 年 5 月 25 日经云南省人民政府批准成立。它位于云南省临沧市，总面积 519.4 平方千米。南滚河国家公园主要依托于 1980 年建立的南滚河国家自然保护区，1994 年 12 月被批准为国家级自然保护区。保护的主要对象是亚洲象及其热带雨林生态系统。

（1）地　形

云南南滚河国家级自然保护区属于横断山脉的高寒峡谷地貌。最高峰海拔 2977 米，山谷海拔 450 米，相对高差 2497 米。保护区位于南滚河上游及其流域。南滚河保护区的山脉为横断山脉和怒江山系的向南延伸部分。山脉呈东西走向，区内的大青山、回汗山、窝坎山和芒告山为主峰。北高南低，形成了沟谷地貌特征。

（2）水　文

保护区内有 40 多条主要河流。如南滚河、南汀河、勐董河、新芽河、富公河、小黑河等。南滚河发源于峨山西坡，芒库河和新芽河上游在保护区边缘的红卫桥交汇处，最长的河流为 48.45 千米。南汀河发源于窝坎山，上游富公河，流入南令江，全长 100 千米，年水量 4 亿立方米，汇流南汀河。

（3）生物资源

该地区自然条件优越，动植物种类丰富多样。植被类型主要有热带季风雨林和亚热带季风常绿阔叶林。高等植物有 400 余种，其中国家重点保护植物有龙眼、千果榄仁、滇石梓等。截至 2012 年，该保护区共有 97 科 400 余种高等植物。顶极植被为热带季风雨林、热带雨林和季风常绿阔叶林。国家三级保护植物有楠木、多果榄仁、红香椿、琴叶风吹楠、见血封喉。高等动物 100 余种，其中国家重点保护的亚洲象、白掌长臂猿、孟加拉虎等 20 余种，是中国亚洲象的主要分布区之一。

2.建设历程

南滚河国家级自然保护区 1980 年建立，1994 年 12 月批准为国家级自然保护区。面积 70.82 平方千米，主要保护对象为亚洲象及其栖息的热带雨林生态系统。2009 年，南滚河国家公园成为云南省国家公园建设试点，2011 年 12 月，《南滚河国家公园总体规划（2011—2020 年）》经云南省人民政府批准，南滚河国家公园建设目标为：保护完整的自然生态系统，具有代表性的森林类型，丰富的野生动植物物种和多元的民族文化，通过开展保护、科研、教育和游憩等活动，合理利用资源，带动社区发展，充分发挥国家公园的生态效益、社会效益和经济效益。

3.重点保护对象和保护价值

南滚河国家公园是以保护森林生态系统，野生动物等各种生物物种资源为主要任务的。保护区以它独特的地理位置和气候条件，拥有热带和南亚热带特征。从植物群落到单个植物物种都具有特殊性，分布有多种特有植物。在动物方面除亚洲象外，还有多种灵长类动物、猫科动物、偶蹄类动物、鸟类动物和两栖爬行动物分布，鱼类有国家保护动物花鳗鲡等，是珍稀濒危动植物天然的避难所。加强保护区的建设，对保护好这些物种资源的多样性包括野生基因资源的多样性，将起到积极的作用，对未来生物科学、经济、文化建设均具有重要的意义。

南滚河国家公园地处横断山脉怒山山系的南延部分，是云贵高原向缅甸掸邦山地过渡地带，地跨澜沧江、怒江两大水系。以保护野生动物及其栖息地为主，植被垂直分布典型，植被类型多样，是具有世界意义的生物多样性关键地区之一。区内的热带雨林、季雨林、季风常绿阔叶林和中山湿性常绿阔叶林，共有 360 平方千米，蕴藏着多种保护植物和保护动物，是中国热区的生物多样性的宝库之一。特别是作为多种国家一级保护动物的栖息地，具有重要的保护价值。

4.生态旅游

南滚河国家公园内森林植被保存完好，野生珍稀动物、植物种类繁多，是白掌长臂猿栖息地唯一分布区，主要保护对象是亚洲象和热带季雨林景观，是全国不可多得的热带雨林保护区，是科考、探险、生态、观光旅游的绝好景点。

南滚河国家公园内沧源的佤山也有着十分秀丽的风光。佤山峰峦重叠，河流纵横，属南亚热带气候，冬无严寒，夏无酷暑，四季温和，雨量充沛，土地肥沃，优厚的自然条件，极有利于生物的繁衍生息。在数万公顷原始森林中，生长着"活化石"水杉等奇花异木，活跃着祖国稀有的异兽珍禽，为云南"植物王国""动物王国"之美称，凭增秀色。

5.社区管理

南滚河国家公园范围涉及沧源县 9 个乡镇、41 个村民委员会、371 个村民小组，总人口为 68460 人，居住着佤族、拉祜族、汉族、傣族、傈僳族、彝族、景颇族、白族、布朗族、土族、德昂族等 23 个民族，其中少数民族人口 59177 人，占南滚河国家公园内及周边社区总人口的 86.44%，以佤族和傣族为主。

（1）改善社区基础设施建设

南滚河国家公园建立以来，基础设施建设取得了成效。批建初期，省政府扶持资金 1000 万元，建成了翁丁游客中心 2662 平方米，开工建设以来，市、县政府及主管部门积极争取资金 3682 万元，完成对翁丁老寨门至新寨门、翁丁游客服务中心至老寨门、二号观景点至寨内的游步道、打歌场进行翻修，建成了原始桫椤奇观景观大门和旅游步道 4 千米；开展了南天门景区基础设施建设，已建成展示用房 1196 平方米、观景台 2 个、游客休息点 2 个、固定式厕所 2 个、游客步行道 3.6 千米和生态植草砖 2000 平方米；正在建设翁弄瀑布景点（旅游公路 8.9 千米、游步道路 5 千米）和 507 检查点至南天门天池天梯 3.6 千米。国家公园基础设施的建设，同时改善了当地社区的道路、公共活动场地、水和电等基础设施条件，促进了社区发展。

（2）社区从旅游收益中获取相对稳定的收入

目前南滚河国家公园接待游客以翁丁佤族原生态村落景区为主，翁丁是一个保留着浓厚佤族传统文化的村落，村里有 95 栋房子，都是柱式建筑。它们是随着地形的下降而建造的。房屋结构简单，用料粗糙，柱梁不刻痕迹，屋顶用茅草覆盖，房屋特别古朴。这个村子里佤族人的习俗仍然完好无损。游客可以发现佤族古老而独特的婚俗——梳头，感受新稻节、护村节的热闹气氛，体验木鼓、镖牛等神圣的祭祀活动。

翁丁村旅游业发展对社区的带动主要是通过为当地村民提供就业岗位及特许经营两种方式为社区带来相对稳定的经济收益。一方面，旅游区工作人员全部雇佣的都是当地村民。工作人员分为导游、售票员、清洁工、值班人员四种。另一方面，村中还有 7 户人家经营农家乐，可以通过为游客提供餐饮住宿服务获得收益，每户农家乐年收益在 6000 ~ 8000 元不等。

（3）将过去的"猎手"转变为"管护员"，参与到国家公园的保护中

在国家公园的管护中，除了管理局的工作人员外，在各个站点和社区的护林员是主要力量。南滚河国家公园管理局一直以来都坚持使用社区当地的村民做护林员，其中绝大部分还是过去的"猎手"。这些村民成为护林员后，为他们提供就业岗位的同时，更重要的是能对他们过去的捕猎行为加以约束和管控。

（4）佤族传统水稻种植恢复，建立"大象走廊"

在中华环境保护基金会（CEPF）项目的支持下，南滚河国家公园管理局在位于班洪乡南板村委会的南朗村小组开展了佤族传统水稻——大象米种植恢复项目。该项目整合了南滚河国家公园"南朗社区展示"的旅游规划，通过大象米种植，建立"大象走廊"。

沧源片区约有 20 多只象群，基本都是在南滚河河谷地带活动，活动范围的最北端就是南朗村。结合南朗村大面积种植水稻的实际情况，南滚河国家公园管理局就在该村开展了传统水稻种植恢复项目。该项目计划在全村种植 700 亩传统水稻，主要是供给大象食用，同时将该种植带打造为"寻找大象"的生态旅游线路。社区村民以自愿的方式参与，大象食用部分由项目"买单"，按市场价格给予社区村民补偿；若大象未食用，则由村民自己承担。目前该项目还处于初期阶段。

（5）信仰文化融入国家公园的保护之中

贡象节是位于南滚河国家公园班老社区的佤族和傣族独有的传统节日，在每年的傣族历新年的第三天举行。贡象节要举行隆重的祭祀活动，通过这个祭祀活动来表达人们对南滚河一带的亚洲象的爱戴。这天每个村寨必须戴上一块白布，表示人和大象的心明明白白；带绿叶的甘蔗两棵，表示双方的生活甜甜蜜蜜；带绿叶的芭蕉一串，表示人和大象一条心，香甜、团结；糯米粑粑两个，表示人和大象团团圆圆；蜡烛一对，表示人和大象亲如一家，燃烧自己，照亮他人的含义；米花两箩表示人和大象的友谊像鲜花一样盛开。祭祀时将礼品摆在事先搭好的贡台上，参加祭祀的人跪在贡台前，由村寨寨老或者缅寺的佛爷念唱祝词，祈求大象繁衍后代，与人和睦相处，保佑庄稼丰收。此外，当天还要扎一个稻草人，当作不法猎人的化身，将其倒吊在树上，警示偷猎者；为了让大象愉快地度过这一天，当天还要禁止所有的狩猎活动和田间劳作，住在山上和田间的人必须下山回到家中，不得在山上住宿。

六、滇东南岩溶地区

大围山国家公园

1. 概　况

红河屏边大围山国家公园位于滇南边陲屏边县与河口县交界地带，它南部临近中越边界，北部紧靠屏边县城，距屏边县城驻地玉屏镇 3 千米。是通往越南及边贸口岸河口的必经之道，也是从事边疆、边境跨国旅游和科研科考、度假休闲的理想之地。国家公园由大围山片区、滇越铁路屏边境内一线和新现河一线组成，一片两线，森林覆盖率 81.5% 以上。因处于北回归线上而被称为"北回归线上的绿色明珠"。

（1）地形地貌

大围山从最低海拔 76.4 米到最高海拔 2365 米，依次分布着湿润雨林、季节雨林、山地苔藓常绿深阔叶林和山顶苔藓矮林。整个景区内雄峰叠起，林海延绵。

（2）气　候

气候温和，属亚热带季风气候，该景区是我国大陆具有湿润雨林和热带山地森林垂直带系列最为完整的地区。年平均气温 16.5℃，有"寒冬腊月花不谢，冬暖夏凉四季春"的奇境，适合春秋冬三季旅游。为休闲健体旅游，康体养生旅游和动植物繁衍生息提供了有利条件。

（3）生物资源

①植被

由于未受第四纪冰期的影响，保存了许多古老特有的珍稀动植物，大围山成了古老热带森林动植物的避难所，因此又被称为"中国动植物的基因库"，是中国现存三个生物类群特有中心之一。森林植被丰富，有高等植物170科，约1050种，其中树蕨、长蕊木兰、鸡毛松等25种已被列为珍稀保护树种。保护区内有种子植物188科1055属3619种，有丰富的蕨类、苔藓等植物。有堪称屏边四绝之二的苏铁、多头桫椤。由于大围山积聚了植物的古老性、珍稀性、多样性、完整性，因此成为生物多样性珍稀濒危植物最丰富的保护区之一，是研究植物起源、系统发育、分类学及区域学的重要地区。

②动物

大围山的野生动物资源也相当的丰富，有兽类82种，鸟类285种、亚种、两栖类53种，爬行类60种，鱼类14科50属70种，具有极高的生物多样性。区内国家一级保护动物有蜂猴、小蜂猴、黑冠长臂猿、云豹等8种，二级保护动物短尾猴、熊猴、大灵猫、水鹿、斑羚等数十种。而世界仅存的中华赤面猴和中华蜂猴也正是栖息和繁衍于此，为屏边四绝之二。还有大围山特有新种大围角蟾、细线蛙和长趾蛙等。而最引人注目且为数最多的就是猴子和树蛙。

2. 民族文化

大围山国家公园位于红河州的屏边县、河口县、蒙自市和个旧市。屏边县是苗族、汉族、彝族、壮族等少数民族的聚居地。它是云南省唯一的苗族自治县。河口县也是一个民族自治县。它是云南省唯一的瑶族自治县。除瑶族外，还有苗族、壮族、彝族、傣族、布依族、汉族等。众多的少数民族、不同的文化传承、特殊的生活环境和独特的民族文化造就了大围山国家公园丰富多彩的民族风情。

3. 建设历程

1986年3月20日，由云南省人民政府批准建立大围山省级自然保护区，1992年经原林业部批准开发建设为国家森林公园，1996年8月1日正式开园。1996年11月，经云南省人民政府批准，将河口南溪的花鱼洞林区、小围山边境国防林区和屏边的钻天坡林区、大老柏箐林区，以及屏边、河口、个旧、蒙自4县（市）交界处的红河苏铁省级自然保护区全部纳入了大围山自然保护区。2001年6月16日，经国务院批准，将大围山正式列为国家级自然保护区。2007年6月8日被评为AAAA级景区。2012年6月大围山通过了国家地质公园的评审。

2009年，大围山国家公园成为云南省国家公园建设试点，2013年3月，《大围山国家公园总体规划（2012—2021年）》经云南省人民政府批准，大围山国家公园的建设目标为：保护热带湿润雨林及典型的热带山地森林生态系统，具有代表性的古老、原始、孑遗、特有的野生动植物物种，保存完好的火山口和丰富的历史、文化遗迹，合理利用资源，开展宣教、科研和生态旅游活动，带动社区发展，充分发挥国家公园的生态效益、社会效益和经济效益。

4. 重点保护对象及保护价值

大围山国家公园保存了丰富的物种资源，尤其是众多的古代物种和珍稀特有物种。它是中国乃至世界生物多样性保护的关键领域之一。其科学和保护价值主要如下：

大围山位于泛北极植物区系和泛热带植物区系的交界处，也是东亚植物区系中国—日本和中国—喜马拉雅两个组成部分的交汇点。该地区的植物区系具有中国乃至东亚的代表性，对研究中国植物区系的起源和被子植物的发生具有重要意义。

大围山国家公园的森林生态系统比较特殊。国家公园高差超过2200米，园内分布着极其完整的热带山林生态系统：湿润雨林、季节性雨林、山地雨林、季风常绿阔叶林、苔藓常绿阔叶林和山顶苔藓矮林等植被类型。其中，该地区以婆罗洲和隐翅目昆虫为标志的湿润雨林是中国大陆最湿润的热带雨林类型；以马尾树为优势种的马尾树林面积达100多亩，马尾树的密度和数量都比较大，在国内外都很少见。上述热带山林在云南乃至全国具有一定的代表性意义，在被子植物系统发育、植物区系和古植物学研究中具有重要的科学价值。

5. 自然景观

大围山国家公园内有水围城、石夹槽、火山锥、灵宝山、岩峰石林、天生桥、滴水层瀑布、珍珠洞八个中心景区。国家公园南北长30千米，东西宽6千米，总面积23万亩。大围山主峰2363米，次高峰大尖山2354米，最低处在河口县母子河岔河口，海拔225米。登上耸入云霄的大围山主峰远眺，雾河绿洲、山峦河川尽收眼底。屏边境内滇越铁路线上345千米处的人字桥，始建于1904年。桥长71.7米，宽4.2米，高102米，横跨绝壁。桥下水流湍急，十分险峻壮观。

七、滇南、滇西南低山河谷地区

西双版纳国家公园

1. 概 况

西双版纳国家公园位于云南南部的西双版纳傣族自治州境内，占地面积为3.97平方千米，其中属西双版纳国家级自然保护区境内的面积有1.5平方千米，其余为西双版纳地区最大的水域面积——望天湖,由南腊河、南沙河、南杭河三条河流汇集而成。其间还分布有 7 个原生态少数民族村寨。西双版纳国家公园是中国热带森林生态系统保存比较完整,生物资源极为丰富,面积最大的热带原始林区,还是我国亚洲象种群数量最多和较为集中的地区。

（1）地质地貌

西双版纳国家公园位于横断山系南北向构造线向南辐射的地段,地貌以中低山地为主,有和缓起伏的山丘和群山环抱的宽阔盆地。区域内沟谷纵横,溪流密布,澜沧江及其支流横贯全境。地势最高处为澜沧江西岸的滑竹梁子,海拔 2429 米;最低处位于勐腊县的南腊河口处,海拔 477 米。

（2）水　文

西双版纳属澜沧江水系,澜沧江干流由西北向东南纵穿其中,在勐腊县南部出境。流经境内的河段为 184 千米,河水大流量出现在 9 月份,历年最大流量 12800 立方米每秒;最小流量 359 立方米每秒,出现在 4 月份;年平均流量 1845 立方米每秒。主要支流有罗梭江（小黑江）、南腊河、南拉河、流沙河等。

（3）民族文化

西双版纳也是少数民族聚居的地方。有傣族、哈尼族、布朗族等 13 个少数民族。这里有造型优美的傣族佛教建筑,有小而独特的江湖竹建筑,有美味的菠萝饭和竹饭。西双版纳不仅是物种的自然基因库,也是中国最著名的景点之一,以其神奇的热带风光和民族风情吸引了许多来自国内外的游客。

2.建设历程

西双版纳自然保护区始建于 1958 年,保护对象为原始热带雨林森林生态系统和野生亚洲大象等珍稀物种。1994 年纳入联合国教科文组织世界生物圈保护区网络。1986 年经国务院批准升格为国家级自然保护区。1999 年,分别被中国科学技术协会和云南省人民政府批准列为全国科普教育基地和云南省科学普及教育基地。2006 年,被国家林业局列为全国林业示范保护区。2009 年 2 月经云南省人民政府批准,建立西双版纳国家公园,保护和建设目标:①保护以热带北缘雨林、季雨林森林生态系统为标志的热带森林、珍稀濒危野生动植物种群及其生存环境;保护原生态少数民族各具特色、相互交融所形成的多元文化。②合理利用资源,开展宣教、科研和生态旅游活动,带动社区发展。

3.西双版纳国家公园主要保护对象

西双版纳国家公园位于全球 25 个生物多样性热点地区的印度—缅甸热点地区的北部,保护区主要是以热带北缘雨林、季雨林森林生态系统为标志的热带森林生物多样性及热带珍稀濒危野生动植物种群与其生存环境为主要保护对象。

（1）物种资源丰富

西双版纳国家公园位于北回归线以南，是亚洲大陆向中南半岛过渡的地带，自然条件得天独厚，物种十分丰富和多样化。西双版纳国家公园的动植物中，有相当部分属我国热带、亚热带野生动植物特有种和代表种，如近代在西双版纳热带森林中发现的细蕊木莲、望天树、云南蓝果树、坚叶樟等；全国仅产于西双版纳的亚洲象、印度野牛、白颊长臂猴、鼷鹿、印支虎等，这些是国家一级保护动物，极为珍稀宝贵。

（2）遗传多样性

西双版纳素有"植物王国"和"世界植物基因库"之称。保护区内的植物区系中含有较多的古老科属以及单型属和寡型属，并保存了许多孑遗植物。我国第三纪古热带植物20个孑遗属中，保护区就有12个属。在勐远石灰山发现的原始的篦齿苏铁群落和南贡山上发现的云南穗花杉亦是古老的孑遗植物。由于植物区系起源古老，西双版纳国家公园成为了漫长地质历史时期生物进化的摇篮和物种遗传多样性和潜在变异性的宝库，是我国动植物资源高度富集的地区。

4. 生态旅游

西双版纳国家公园内已建有多个景区景点：

（1）原始森林公园

西双版纳原始森林公园占地2.5万亩，是西双版纳最大的综合性生态旅游景区之一。公园融合了原始森林的独特自然风光和迷人的民族风情。园内10个景区50余处，包括保存最完好的热带山谷雨林、孔雀繁育基地、猴子驯养基地、大型民族风情表演场、爱伲寨、九龙瀑布、满双龙白塔、百米花岗岩浮雕、金湖传说、民族风味烧烤场，突出"原始森林、野生动物、民俗风情"三大主题特色。公园位于昆洛国道旁，距景洪市8千米。公园森林覆盖率98%以上，龙树板根、单木林、老茎开花、植物绞杀等奇观随处可见。峡谷幽深，山涧溪流鸟鸣，森林郁郁葱葱，湖水清澈见底。

（2）勐仑植物园

中国科学院西双版纳热带植物园西双版纳勐仑植物园，也就是中国科学院热带植物园，位于勐腊县勐仑镇。植物园周围是葫芦形状的湄公河支流罗梭江。植物园由著名植物学家蔡希涛教授于1959年建立，园区占地9平方千米。栽培的国内外热带植物有3000种。植物园拥有植物标本馆、珍稀濒危植物物种资源库和生物技术实验室，已成为中国热带植物资源开发利用和保护的重要研究中心。

（3）野象谷

西双版纳野象谷位于景洪以北的勐养自然保护区，地处东西林区交界处的山谷中。数百万公顷的热带雨林中生长着多种植物，热带竹林连成一片，为亚洲象等野生动物的生长和繁殖提供了最合适的栖息地。现存近 300 头亚洲象，野象经常成群地在河流、茂密的森林甚至高速公路上游荡。它们在热带雨林里，寻找食物、饮料，洗澡、散步和玩耍。

（4）勐腊望天树

勐腊补蚌望天树空中走廊距景洪 190 多千米，距离勐腊县 18 千米。望天树的高度在 40～70 米之间，最高的是 88 米。这种树适应性强，寿命长，木材产量高，用途广，被列为国家一级保护植物。空中走廊设置在望天树林区，走廊长 2.5 千米，用钢绳和锁链直接在大树上捆绑而成，走廊铺有木板路面，周围有绳索保护，高度超过 20 米。

（5）基诺山寨

基诺民俗村位于基诺乡巴坡村，野象谷和勐仑植物园之间，距景洪市 28 千米，距勐养镇 70 千米。这是基诺族人世代居住的地方。基诺族是国家承认的 56 个单一民族中的最后一个。人口很少，大多数人居住在这里，有 40 多个村庄和 17000 多人。游客不仅可以欣赏基诺山的风景，还可以在基诺山寨体验基诺族的风情。

八、保护区旅游生态补偿状况

西双版纳国家级自然保护区是云南省开展旅游生态补偿服务最早的地区之一。该地以保护区内景区旅游经营收入作为重要资金来源，建立起"景区企业上缴—州财政返还—保护管理部门实施"的旅游收益缴纳及反哺制度；同时通过多种形式补偿手段，促进保护区生态系统功能维护以及社区建设与发展，取得了一定的自然和社区旅游生态补偿效果。

（一）旅游生态补偿资金来源

作为西双版纳国家级自然保护区旅游开发和经营活动的责任管理单位，生态旅游管理所通过与保护区内各景区经营企业的共同协商与谈判，针对不同景区的资源禀赋、生态区位、产品类型等情况，制定了各景区旅游生态补偿费用收取标准并分别签订缴纳协议。

按照协议规定，西双版纳国家级自然保护区内相关景区企业按门票或索道票等经营收入的相应比例向州财政专户上缴旅游收益分成资金。州财政部门部分返还（平均返还比例 50%～70%）后，由保护区管理部门安排用于保护区（2009 年后扩展到整个国家公园）生态资源保护和社区建设发展事业。

旅游收益分成资金收取自 1998 年开始，最初为原森林公司（隶属保护区管理局）向其管理的各个景区企业收取资源保护费，即根据购买门票进入景区的游客数量，按 1 元每人实施"一刀切"式收取。之后，开始在野象谷景区实行按门票收入 8% 收取（后来由于国企改革、行政干预等因素，该景区改为按门票收入 5% 收取）。目前，旅游收益分成资金除野象谷景区按门票 5%、索道票 8% 收取，勐远景区按门票 5% 收取并逐步递增至 10% 外，其他景区均为按 10% 及以上比例征收〔雨林谷景区：承包经营费每两年递增 10%，由 2 万元 / 年增至 4 万元 / 年封顶；绿石林景区：建成开放后，按每年门票收入 10% 缴纳；望天树景区：合同中规定建设期每年上交 15 万，运营期上交门票收入 10% 并逐步递增至 16%，自 2013 年起按 11%（门票 + 空中走廊票）收取〕；森林公园景区：每年上交十几万元（并非按比例）用于资源与环境保护。

当前，旅游收益分成资金已成为西双版纳自然保护区国家财政转移支付和地方政府财政预算之外生态保护资金的重要补充，以及社区建设扶持资金的来源之一。2010 年和 2011 年，保护区和国家公园内旅游景区缴纳的旅游收益分成资金分别达到 355.4 万元和 350 万元，西双版纳州财政部门反哺资金分别为 325 万元和 245 万元。自 2012 年起，保护区管理局出台旅游收益分成反哺资金使用管理方案，规定基本支出（含公用经费）和（生态保护、社区帮扶等）项目支出分别占 25% 和 75%，其中用于社区帮扶的资金比例固定在 10% 左右；另外，2013 年安排 10% 资金用于国家公园建设。

（二）对自然生态系统的补偿

近年来，依托大部分旅游收益反哺资金（2009—2011 年，每年均为 90% 左右）及其他保护和建设资金，生态旅游管理所及其他相关部门组织开展了西双版纳国家级自然保护区和国家公园范围内一系列生态保护和建设活动。具体如下：

一是督促指导保护区和国家公园内各景区生态保护项目建设：包括在望天树景区建立生态监测样地并开展望天树旅游影响监测及调查；在野象谷景区建设亚洲象监测系统、环境保护和索道监控系统、高架巡护监测栈道；协助科研所完成亚洲象繁育基地建设，通过人工辅助更新、食物源基地建设保护野生亚洲象；与相关部门、科研院所和环境保护组织合作建设生物走廊带修复生境（如勐腊片区—尚勇片区、勐养片区—勐腊片区）；等等。二是建设生态保护科普宣教设施：包括建设自然博物馆、亚洲象博物馆并免费向公众开放，配合望天树景区建设热带雨林博物馆，推进云南省生物多样性保护教育基地建设等。三是组织开展自然保护、生态旅游等主题教育培训活动：包括举办"热带雨林—望天树"专题讲座、"自然资源管理培训项目，环境教育培训班""国家公园和自然保护区志愿者管理培训班""GEF 项目资源保护与合理利用培训班"和"国家公园生态旅游景区环境资源监测及管理培训班"等；并在有关景区组织开展自然保护、生态旅游、绿色导游、国家公园建设、亚洲象保护等专题知识讲座，加强景区员工、游客及周边社区居民等的生态保护教育培训。此外，还参与筹办西双版纳热带雨林保护基金会及募捐活动，组织开展资源保护社区共管活动（管理部门提供误工补助，社区居民参与森林巡护、防火并提供信息），协调有关部门开展森林巡护、防火工作等。

除了生态旅游管理所等部门依托反哺的旅游收益分成及其他保护资金组织开展的生态保护和建设活动外，西双版纳自然保护区多数景区经营企业也投入一定资金（除缴纳旅游收益分成资金外）和人力、物力，开展相应内容的自然资源保护和环境建设工作，实施对景区范围内自然生态系统的补偿。具体内容如表4-3所示。

表4-3 景区企业自然生态系统补偿工作

补偿实施主体	主要补偿工作内容（旅游收益分成资金缴纳以外）
望天树景区	建立三块永久性固定监测样地，与生态旅游管理所、中国科学院西双版纳热带植物园共同开展望天树景区旅游影响监测研究（每年投入5000元以上）；开展游客及周边居民生态教育；实施森林防火；建设污水处理工程等
野象谷景区	（配合保护区管理局）建立野生象繁育基地、监测和救助野生象；建设景区生态环境保护和索道监控系统、南北门高架巡护监测栈道等设施；景区内生产经营尽量减少对生态的干扰
野象谷索道	主要是开展经营区域内的绿化工作
森林公园景区	对目前未开发的区域进行严格保护；加强护林防火巡护；制止附近村民偷伐偷猎行为；配合保护区管理局、中国科学院等单位开展生态科研、监测等相关工作；建科普展馆并配合林业部门开展野生动物救护和放养活动；开展青少年科普教育等
勐远景区	建设1.8千米巡护监测栈道以及孔雀养殖场等
金孔雀集团（下辖野象谷、森林公园、基诺山寨、勐景来等景区）	捐赠100万元建立西双版纳热带雨林保护基金

（三）对社区居民的支持帮扶

1. 社区基本分布情况

西双版纳热带雨林国家公园（含西双版纳国家级自然保护区）内部及边缘共有民族村落（寨）265个（其中公园内部122个，公园边缘有143个），总人口约60000余人，以傣族居民为主体，另有哈尼族、布朗族、拉祜族、彝族、基诺族、瑶族、佤族、回族、白族、苗族、景颇族、壮族等12个少数民族。

2. 管理部门支持帮扶

在旅游收益分成反哺资金及国家和地方财政转移支付资金等的支持下，保护区管理局生态旅游管理所协同社区工作科等部门，对国家公园内部及周边众多社区实施了多种方式的支持帮扶活动。具体有以下内容：

一是支持社区生产、生活设施建设：在建立"社区共管"模式，推行社区参与性资源管理的同时，与村民共同制订发展计划，确定和实施具体帮扶项目；先后投资 800 多万元帮助 140 多个村寨 2560 户村民，进行兴修水利、修路架桥、人畜饮水、照明用电、节能灶改造、建设沼气池，植树造林等工程项目建设，以及帮助修建村民活动室、绿色文化室等文化活动设施。二是组织开展社区生产经营技能培训：除了针对居民开展有关资源环境保护的科普宣教活动外，还对社区生产经营提供技术培训支持，如 2011 年扶持挂钩的茨菜塘村养殖小耳朵猪（平均每户增收 500 元）；争取经费 12 万元投入，与中国科学院昆明热带植物分院合作扶持勐仑所曼俄村种植染布植物、棉花 5.2 亩，开展染布植物的保护与传承项目研究；编辑印发《社区共管与发展实用技术培训教材》800 册；等等。三是帮助居民解决"人象冲突"及野生动物肇事伤害矛盾：自 2006 年起，每年筹集资金扶持受亚洲象肇事伤害较严重的村寨建设示范村；2010 年开始，建立了保护区野生亚洲象公众责任保险，将保护区内部及周边社区居民纳入被保险人范畴（2011 年起扩展为西双版纳州野生动物肇事公众责任保险）。此外，在保护区管理局制订实施的《西双版纳国家级自然保护区生态旅游景区（点）管理办法》（试行）和《西双版纳国家级自然保护区生态旅游景区（点）日常工作管理细则》等规章制度中，还明确了景区周边社区居民从事景区就业和参加生态旅游活动获得收益的权利。

据统计，自 1988 年以来，西双版纳国家级自然保护区管理部门已累计投资 1360 万元用以扶持社区发展。2010—2011 年，州财政反哺的保护区旅游收益分成资金为 570 万元，其中用于社区建设发展帮扶的资金为 60 万元，占反哺资金的 10.5%。

3. 景区企业支持帮扶

由于西双版纳自然保护区和国家公园各景区内部一般无社区居民分布，在景区建设和经营过程中也较少出现社区居民直接利益受损的情况，因此景区开发和经营者并未对居民实施直接经济补偿；但许多景区经营者基于景区与周边社区协调发展考虑，也采取了一些社区发展帮扶措施，包括吸纳居民就业、项目建设用工、分流游客（至周边农家乐）、购买大象食物和其他土特产品、部分景区经营项目优先承包给社区居民等。有关景区企业对社区的支持帮扶做法具体如表 4-4 所示。

表 4-4　景区企业对社区的支持帮扶

帮扶实施主体	社区帮扶内容
望天树景区	用工招聘时优先录用社区居民（已吸纳 80 名当地居民在景区就业）；购买部分社区农产品
野象谷景区	吸纳周边社区 200 多居民在景区就业（占景区员工约 1/3）；建设项目用工优先考虑当地居民；每年向周边社区购买大象草料约 100 多万元；开展捐资助学活动（帮扶勐远一小学多名学生）
野象谷索道	优先录用社区居民就业（目前就业比例占员工总数 90%）
森林公园景区	降低周边村民就业要求条件；给社区困难家庭送慰问金；给村民提供景区部分经营摊位（卖水果等）
金孔雀集团	提供就业岗位，带动周边社区一些农家乐、小旅馆等发展

据保护区管理部门统计，2009 年以来，西双版纳自然保护区和国家公园内的景区开发和经营为国家公园内部及周边社区直接解决就业岗位 2000 多个；社区居民从景区获得的劳务费平均每年超过 100 万元；游客用餐每年带动景区周边社区增加直接收入超过 1500 万元。自 2007 年《西双版纳国家级自然保护区生杰旅游景区（点）管理办法》（试行）颁布实施以来，各景区本地用工比例均达到 60%~80%。

参 考 文 献

［1］陈洁，陈绍志，徐斌.西班牙国家公园管理机制及其启示［J］.北京林业大学学报
（社会科学版），2014（5）：50-54.

［2］陈娟.云南省香格里拉普达措国家公园生态旅游环境承载力研究［J］.林业经济，
2014（2）：112-117.

［3］陈娜.国家公园行政管理体制研究［D］.昆明：云南大学，2016.

［4］陈杨，党安荣.中国国家公园物质形态规划理念探讨［J］.青海师范大学学报（哲学
社会科学版），2016（8）：41-44.

［5］陈耀华，陈远笛.论国家公园生态观——以美国国家公园为例［J］.中国园林，2016
（6），57-61.

［6］雷光春，曾晴.世界自然保护的发展趋势对我国国家公园体制建设的启示［J］.生物
多样性，2014（5）：423-425.

［7］李俊生，蔚东英，朱彦鹏.建立健全国家公园体制推进生态文明建设——国家公园
制度创新专栏［J］.环境与可持续发展，2017（4）：7-8.

［8］李庆雷.云南省国家公园发展的现实约束与战略选择［J］.林业调查规划，2010
（3）：132-136.

［9］李如生.美国国家公园管理体制［M］.北京：中国建筑工业出版社，2004.

［10］唐芳林.建立国家公园的实质是完善自然保护体制［J］.林业与生态，2015（8）：
13-15.

［11］严国泰，张杨.构建中国国家公园系列管理系统的战略思考［J］.中国园林，2014
（2）：12-16.

［12］杨东，郑进烜，华朝朗，等.云南省国家公园建设现状与对策研究［J］.林业调查
规划，2016（14）：17-22.

［13］杨桂华，牛红卫，蒙睿，等.新西兰国家公园绿色管理经验及对云南的启迪［J］.

林业资源管理，2007（6）：96-104.

［14］杨果，范俊荣.促进我国国家公园可持续发展的法律框架分析［J］.生态经济，2016（4）：170-173.

［15］杨沛芳.梅里雪山国家公园生物多样性监测［J］.林业调查规划，2012（7）：108-111.

［16］杨锐.建立完善中国国家公园和保护区体系的理论与实践研究［D］.北京：清华大学，2003.

［17］杨锐.试论世界国家公园运动的发展趋势［J］.中国园林，2003（5）：10-15.

［18］叶文，沈超，李云龙.香格里拉的眼睛：普达措国家公园规划和建设［M］.北京：中国环境科学出版社，2008.

［19］云南省国家公园管理办公室.国家公园·云南的探索与实践［M］.昆明：云南人民出版社，2018.

［20］云南省技术质量监督局.国家公园建设规范［S］.DB53/T 301—2009.

［21］云南省技术质量监督局.国家公园基本条件［S］.DB53/T 298—2009.

［22］云南省技术质量监督局.国家公园资源调查与评价技术规程［S］.DB53/T 299—2009.

［23］云南省技术质量监督局.国家公园总体规划技术规程［S］.DB53/T 300—2009.

［24］云南省技术质量监督局.国家公园建设规范［S］.DB53/T 301—2009.

［25］云南省技术质量监督局.高黎贡山国家公园生态旅游景区建设及管理规范［S］.DB53/T 372—2012.

［26］云南省技术质量监督局.自然保护区与国家公园生物多样性监测技术规程［S］.DB53/ T391—2012.

［27］云南省技术质量监督局.自然保护区与国家公园巡护技术规程［S］.DB53/T 392—2012.

［28］云南省技术质量监督局.国家公园管理评估规范［S］.DB53/T 535—2013.

［29］云南省技术质量监督局.国家公园标志系统设置指南［S］.DB53/T 785—2016.

［30］张朝枝.国家公园体制试点及其对遗产旅游的影响［J］.旅游学刊，2015（8）：1-3.

［31］周睿，钟林生，刘家明，等.中国国家公园体系构建方法研究——以自然保护区为例［J］.资源科学，2016（2）：577-587.

［32］张海霞.国家公园的旅游规制研究［D］.上海：华东师范大学，2010.

［33］张建萍.生态旅游理论与实践［M］.北京：中国旅游出版社，2001.

［34］张希武，唐芳林.中国国家公园的探索与实践［M］.北京：中国林业出版社，
2014.

［35］Allendorf T D，Smith J L D，Anderson D H .Residents' perceptions of Royal Bardia
National Park，Nepal［J］.Landscape & Urban Planning，2007，82（1-2）：33-40.

［36］Chape S，Harrison J，Spalding M，et al.Measuring the extent and effectiveness of
protected areas as an indicator for meeting global biodiversity targets［J］.Philosophical
Transactions of the Royal Society B：Biological sciences，2005，360（1454）：443-
455.

［37］Dudley N.Guidelines for Applying Protected Area Management Categories［M］.IUCN，
Gland，Switzerland，2008.

［38］Ferraro P J. The local costs of establishing protected areas in low-income nations：
Ranomafana National Park，Madagascar［J］.Ecological Economics，2002，43（2-3）：
261-275.

［39］Hamin E M .The US National Park Service's partnership parks：collaborative responses to
middle landscapes［J］.Land Use Policy，2001，18（2）：123-135.

［40］Laurance W F .Does research help to safeguard protected areas?［J］.Trends in Ecology
Evolution，2013，28（5）：261-266.

［41］De Lopez T T. Economics and stakeholders of Ream National Park，Cambodia［J］.
Ecological Economics，2003，46（2）：269-282.

［42］Miller S M .John Muir in historical perspective［J］.Castanea the Journal of the Southern
Appalachian Botanical Club，1999，62（1）：8-21.